U0321132

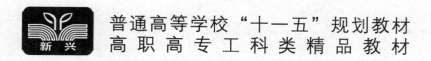

普通高等学校"十一五"规划教材

高职高专工科类精品教材

计算机绘图实训指导

JISUANJI HUITU SHIXUN ZHIDAO

汪业常 编 著

徐 娟 主 审

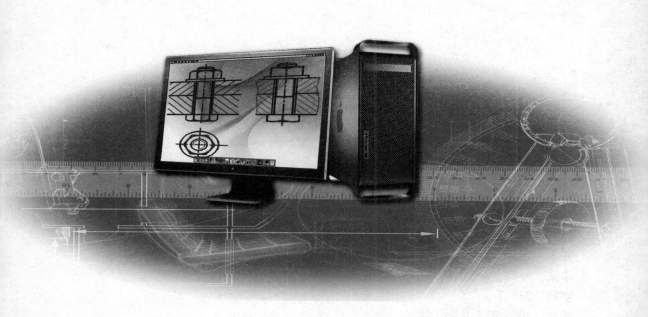

中国科学技术大学出版社

图书在版编目(CIP)数据

计算机绘图实训指导/汪业常编著. —合肥：中国科学技术大学出版社，2009.7
(2015.12 重印)

安徽省高等学校"十一五"省级规划教材

ISBN 978 - 7 - 312 - 02496 - 2

Ⅰ.计… Ⅱ.汪… Ⅲ.计算机辅助设计—应用软件，AutoCAD Ⅳ.TP391.72

中国版本图书馆 CIP 数据核字(2009)第 107785 号

出版	中国科学技术大学出版社
	安徽省合肥市金寨路 96 号，邮编：230026
	网址：http://press.ustc.edu.cn
印刷	合肥万银印刷有限公司
发行	中国科学技术大学出版社
经销	全国新华书店
开本	787 mm×1092 mm　1/16
印张	9.75
字数	237 千
版次	2009 年 7 月第 1 版
印次	2015 年 12 月第 5 次印刷
定价	16.00 元

前　言

机械制图与计算机绘图是高职机械类各专业的基础课程,计算机绘图能力是制造业工程技术人员必备的基本技能。

AutoCAD是计算机辅助设计与绘图的流行应用软件之一,广泛应用于机械、建筑、电子和航天等诸多工程领域。为了方便应用其他二维绘图软件,本书以"AutoCAD经典"界面作为操作界面。

本书以"实用、好用、够用"为原则,以机械工程的平面图形、零件图、装配图绘制和打印出图为目标,以实训项目为导向,采用实例教学。本书内容包括CAD系统组成概述、必备的计算机应用基础和计算机绘图实训,计算机绘图分为8个实训项目,每个实训项目都由上机目的、上机准备、上机操作、知识与经验和练习题组成。读者可通过实例操作掌握AutoCAD的文件建立与保存、常用绘图及图形编辑命令、绘图环境设置、文本及技术要求标注、尺寸标注、图形输出等内容。解决初学者常见问题的"知识与经验"列于各实训项目之后,以便于查阅。练习题集中在全书最后,以便于上机操作,最后的减速器箱盖图是综合练习题,可用来检验学生的计算机绘图水平。

附录列出了制图员(机械)的职业标准,知识和技能考试样卷,供参加制图员技能培训与考证者参考。

本书实例操作中的技能技巧和"知识与经验"中的经验是作者从事计算机绘图教学与实际应用过程的经验累积以及从网络论坛中搜集整理的经验交流,可解决初学者在操作中常犯的错误和工程实际中的各种疑难问题,具有很强的实用性。

本书具有简明实用、可操作性强、练习题丰富等特点,可作为高职高专机械类和近机械类各专业的计算机绘图实验实训教学指导书、制图员技能(AutoCAD)培训教材,亦适合作为中等职业学校计算机绘图教学教材和自学AutoCAD计算机绘图者的参考书。

本书由安徽机电职业技术学院汪业常编著,徐娟主审,汪沛参与了书中习题图形绘制工作。在编写过程中得到了安徽机电职业技术学院机械系领导和同行的大力支持,特别是制图教研室同仁为本书提出了很多宝贵意见,在此一并致谢。

限于编者的水平,书中不足之处在所难免,恳切希望读者不吝赐教。

编　者

目　　录

CAD 概 述

概述

▶ CAD 是 Computer Aided Drawing 或 Computer Aided Design 的缩写,意思是计算机辅助绘图或计算机辅助设计;

▶ 由计算机以及其他外设组成并通过系统软件和应用软件体现功能的集合系统称为计算机辅助设计系统(CAD 系统,图 0.1);

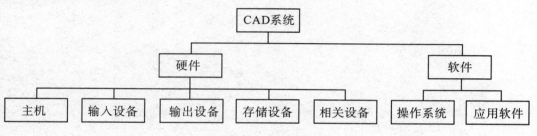

图 0.1 CAD 系统

▶ 利用 CAD 系统可以极大地减轻设计人员重复、繁琐的工作,缩短产品的设计周期,提高设计质量,满足日益激烈的市场竞争需要,并且便于技术资源的管理与充分利用。

准备知识

· 开机
确认实验室总电源已经打开;
先按显示器上开关,打开显示器;
再按主机上的开机开关,打开计算机,直到自动启动完成。
· 关机
关闭应用程序(AutoCAD)。
鼠标指向"开始",单击;再指向"关闭系统",单击;选择"关闭计算机",单击"是";关闭显示器。
最后整理好键盘、鼠标等。
· 鼠标基本操作
指向:移动鼠标使鼠标指针指向需要操作的目标位置。
单击(左键):快速按下鼠标左键并快速松开。
拖动:按住鼠标左键不放,移动鼠标指针到目标位置后松开鼠标左键。

双击:连续快速单击两次鼠标左键。

单击右键:快速按下鼠标右键并快速松开。

· 建立自己的工作目录(文件夹)

单击桌面上"我的电脑"图标,打开"我的电脑";

单击 D 盘(注:D 盘为实验室指定可以存储数据的磁盘)盘符,打开 D 盘;

在 D 盘对话框中单击鼠标右键,鼠标指针指向"新建文件夹",单击;

将新建文件夹改名(记住自己文件夹所在位置)。

实训 1　AutoCAD 基础知识

◆　目的和要求

(1) 熟练掌握 ACAD(AutoCAD)的启动与退出，熟悉 AutoCAD 中文版绘图界面；

(2) 掌握利用鼠标、键盘操作菜单、按钮以及输入命令、选项、参数的方法；

(3) 掌握不同菜单及子菜单的显示形式及其含义；

(4) 掌握部分功能键的用法；

(5) 掌握文件操作、使用向导的方法；

(6) 掌握相对坐标和绝对坐标的不同输入方法；

(7) 掌握状态行各项按钮的含义及设置方法；

(8) 掌握绘图命令的基本操作。

◆　上机准备

(1) 阅读本书 CAD 概述等内容；

(2) 熟悉 Windows 的基本操作；

(3) 进入 AutoCAD200 * 中文版并练习使用键盘、菜单、按钮操作。

◆　上机操作

1. 启动 AutoCAD200 * 中文版

双击桌面上"AutoCAD200 * 中文版"图标，系统进入 AutoCAD200 * 中文版，屏幕界面如图 1.1 所示。

图 1.1

2. 设置图形界限

下拉菜单:【格式】→【图形界限】,调用图形界限设置命令,如图 1.2 所示.

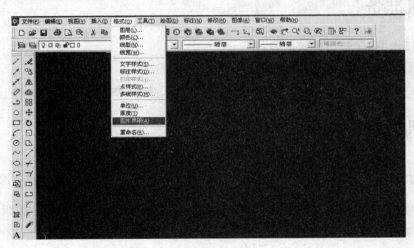

图 1.2

在命令行中按提示来设置:

命令:´_limits

重新设置模型空间界限:

指定左下角点或[开(ON)/关(OFF)]<0.0000,0.0000>↙

指定右上角点<420.0000,297.0000>:297,210↙

图形界限设置完成后,打开状态栏上的栅格按钮。并将屏幕显示置为全屏显示,在图形界限内会显示栅格点。

命令:zoom ↙

指定窗口角点,输入比例因子(nX 或 nXP),或

[全部(A)/中心点(C)/动态(D)/范围(E)/上一个(P)/比例(S)/窗口(W)]<实时>:a ↙

正在重生成模型。

如图 1.3 所示。

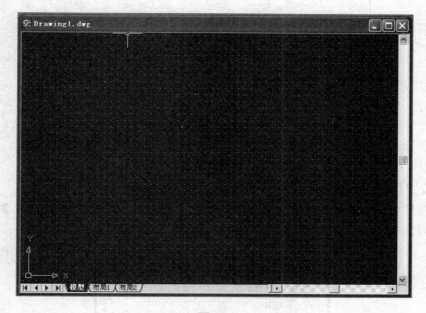

图 1.3

3. 设置单位

下拉菜单:【格式】→【单位】

命令行:units 或'units ↙

(1) 长度单位设置

在对话框长度选项区,将长度单位类型设置为默认的小数,实际尺寸为毫米,单位显示精度由默认的 4 位小数设置为"0",不显示小数。

(2) 角度单位设置

在对话框角度选项区内,将角度单位类型由默认的十进制度数设置为:度/分/秒制;单位显示精度设置为:0d,复选按钮(顺时针)不要选取,保持角度旋向为默认(逆时针)设置不变。如图 1.4 所示。

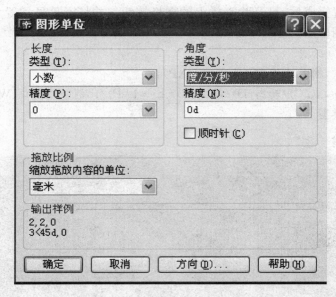

图 1.4

（3）设置角度的零度轴方向

单击图形单位设置对话框下的【方向】命令按钮，打开如图 1.5 所示对话框，默认角度的零度轴方向为水平向右方向。

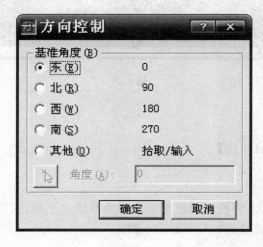

图 1.5

4. 设置辅助功能

移动鼠标到状态栏"对象捕捉"上右击，弹出快捷菜单后选择"设置"，弹出"草图设置"对话框。在该对话框中设置成端点等模式并启用对象捕捉，如图 1.6 所示。

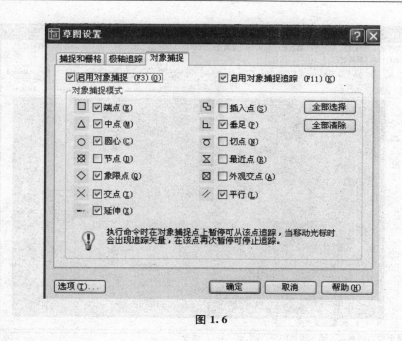

图 1.6

5. 操作练习

通过绘制图形来熟悉菜单、按钮、功能键、鼠标的用法以及绝对坐标、相对坐标、极坐标输入方式。

例 1.1　绘制 A3 图框。
启动 ACAD 软件(新建文件)。
命令:_line
指定第一点:10,10 ↙　　　　　　　　　　//输入左下角点绝对坐标
指定下一点或[放弃(U)]:@400,0 ↙　　　　//输入右下角点相对坐标
指定下一点或[放弃(U)]:@0,277 ↙　　　　//输入右上角点相对坐标
指定下一点或[闭合(C)/放弃(U)]:@-400,0 ↙　//输入左上角点相对坐标
指定下一点或[闭合(C)/放弃(U)]:c ↙　　　//闭合
全屏显示
命令:z□ZOOM　　　　　　　　　　　　//"□"为空格键
指定窗口的角点,输入比例因子(nX 或 nXP),或者
[全部(A)/中心(C)/动态(D)/范围(E)/上一个(P)/比例(S)/窗口(W)/对象(O)]<实时>:a ↙
完成图形如图 1.7 所示。

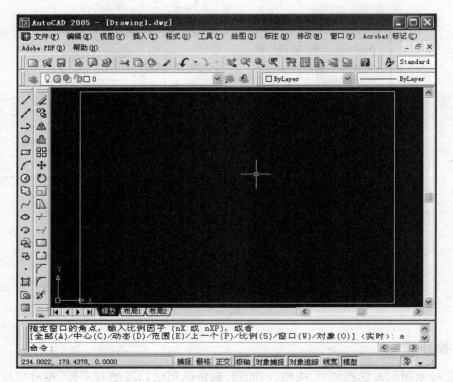

图 1.7

例 1.2 绘制如图的三角形并保存文件。图形如图 1.8(a)、图 1.9(a)所示。
操作示范：
启动 ACAD 软件（新建文件）。
绘制图 1.8(a)。

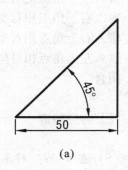

(a)

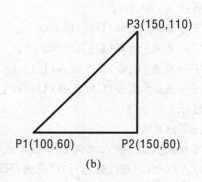

(b)

图 1.8

命令：_line
指定第一点：100,60 ↙   //输入左下角 P1 点绝对坐标
指定下一点或[放弃(U)]：150,60 ↙   //输入 P2 点绝对坐标
指定下一点或[放弃(U)]：150,110 ↙   //输入 P3 点绝对坐标

指定下一点或[闭合(C)/放弃(U)]:c↙　　　　　　　　　　　　　//闭合

绘制图 1.9(a)。

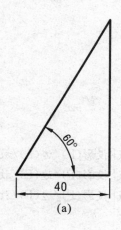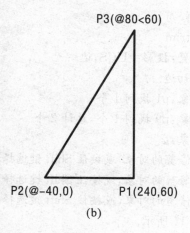

P3(@80<60)

40

60°

P2(@-40,0)　　P1(240,60)

(a)　　　　　　　　　　　　　　　　(b)

图 1.9

命令:_line

指定第一点:240,60↙　　　　　　　　　　　　　　//输入 P1 点绝对坐标

指定下一点或[放弃(U)]:@-40,0↙　　　　　　　　//输入 P2 点相对坐标

指定下一点或[放弃(U)]:@80<60↙　　　　　　　　//输入 P3 点相对坐标

指定下一点或[闭合(C)/放弃(U)]:c↙　　　　　　　//闭合

其他绘制方法操作:正交方式绘制;角度过滤方式绘制等自行练习。

保存文件:

路径:D:\MyFile\三角形.dwg

例 1.3 由左下角向上顺时针绘图(图 1.10,练习题 Lx1.1)。

用"正交"方式绘制。"正交"模式下直线段方向由移动鼠标指引水平或竖直方向,长度由键盘输入。

打开"正交"模式

命令:_line

指定第一点:p1

指定下一点或[放弃(U)]:35↙

指定下一点或[放弃(U)]:8↙

指定下一点或[闭合(C)/放弃(U)]:@10<45↙

指定下一点或[闭合(C)/放弃(U)]:20↙

指定下一点或[闭合(C)/放弃(U)]:15↙

指定下一点或[闭合(C)/放弃(U)]:10↙

指定下一点或[闭合(C)/放弃(U)]:<60↙　　　　　　//角度替代:60°

指定下一点或[闭合(C)/放弃(U)]:20↙

指定下一点或[闭合(C)/放弃(U)]:p9

指定下一点或[闭合(C)/放弃(U)]: * 取消 *　　　　　//按 Esc 键结束

修改→修剪:
命令:_trim
当前设置:投影=UCS,边=无
选择剪切边...
选择对象:p1 找到 1 个
选择对象:p9 找到 1 个,总计 2 个
选择对象:↙
选择要修剪的对象,或按住 Shift 键选择要延伸的对象,或[投影(P)/边(E)/放弃(U)]:p1
选择要修剪的对象,或按住 Shift 键选择要延伸的对象,或[投影(P)/边(E)/放弃(U)]:p9
选择要修剪的对象,或按住 Shift 键选择要延伸的对象,或[投影(P)/边(E)/放弃(U)]:↙
如图 1.11 所示。

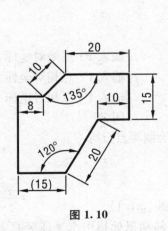

图 1.10

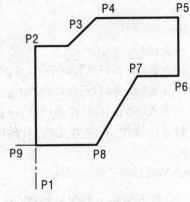

图 1.11

6. 保存文件

将光标移动到"文件"菜单上单击,弹出文件菜单项。

单击【另存为...】。

在"保存于"下拉列表框中找到自己的文件夹并打开。

在文件文本框中键入文件名"练习 1",单击 保存 按钮存盘。

7. 移动观察图形

1. 单击菜单"视图→平移→左",图形在屏幕上的位置向左移动。

2. 单击按钮 ，恢复原先图形位置。

3. 单击"标准"工具条中的按钮 ，光标变成手形,按住鼠标左键向右上移动,使图形显示在屏幕的中间。

8. 快速保存文件

按［ctrl＋s］，采用热键快速保存文件，如图 1.12 所示。

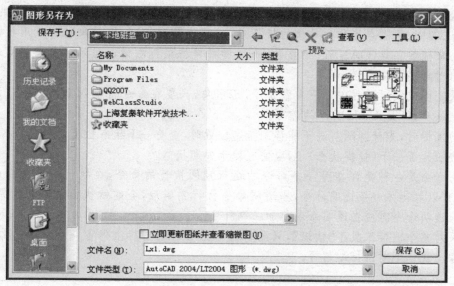

图 1.12

9. 将该图形输出成 dxf 格式文件

单击【文件】→【另存为...】弹出图 1.12 所示对话框，单击"文件类型"下拉列表，选择"dxf"格式，单击 保存 按钮存盘。

10. 绘制图形

练习题 1。

11. 关机

关闭应用程序（AutoCAD200 ＊）。
鼠标指向"开始"，单击；再指向"关闭系统"，单击；选择"关闭计算机"，单击"是"。
关闭显示器。
最后整理好键盘、鼠标等。

知识与经验

★ 用绘图命令画出的图线称为图形对象,或称为对象、实体、图元。图形对象上的端点、中点、圆心、象限点等称为对象的特征点,或称为关键点,捕捉对象特征点用状态栏上的对象捕捉工具(OANAP)或按住 Shift 键并单击鼠标右键以显示对象捕捉菜单以及调出对象捕捉工具栏。

★ 如果绘图或编辑过程中某一步做错了,不用急,只要在命令行输入 U,再回车,即可回到上一步,U 是 Undo 命令的缩写。

★ 移动鼠标时,光标跳跃前进不能移到指定位置时,查看一下状态栏上的捕捉(SNAP)工具按钮是否按下(捕捉状态)了,应使它处于弹起状态。

★ 透明命令是一种允许在另一条命令的运行期间执行的命令,在执行一条命令的过程中,可以执行另一条透明命令,当透明命令执行完毕后,会继续执行被中断的原命令。输入透明命令时应在透明命令前加一单引号(')。如'zoom。

★ 如果对某个图标工具不"认识",只要将鼠标指针移到图标上停留一会儿,就会在该图标旁出现一个对图标的解释。

实训 2　基本绘图与编辑命令

◆　**目的与要求**

(1) 熟练掌握基本绘图命令；

(2) 掌握基本编辑命令；

(3) 了解绘图环境的设置。

◆　**上机准备**

(1) 复习 AutoCAD200 * 中文版的用户界面——主窗口,基本操作；

(2) 复习命令、数据的输入方法；

(3) 复习文件操作命令。

◆　**上机操作**

1. 绘图环境的设置

1) 设置绘图界限

(1) 在命令行键入 Limits(图形界限)命令,或通过菜单命令:【格式】→【图形界限】设置图形的边界。

(2) 在命令行提示下输入界限的左下角,它相当于图形区域的左下角。按下 Enter 键表示采用默认值(0,0)。

命令:´_limits

重新设置模型空间界限:

指定左下角点或[开(ON)/关(OFF)]<0.0000,0.0000>:↙

指定右上角点<420.0000,297.0000>:

(3) 指定界限的右上角,它相当于图形区域的右上角,这样就确定了图形的矩形区域,例如,如果左下角是(0,0),通过键入"420,297"则指定一个长为 420、高为 297 的矩形区域(A3)。

2) 绘图界限区域显示

Zoom 命令中的显示全部选项 A 可在屏幕上显示全部的设定的绘图界限区域。

操作：

命令：z↙

ZOOM

指定窗口的角点，输入比例因子（nX 或 nXP），或

［全部（A）/中心（C）/动态（D）/范围（E）/上一个（P）/比例（S）/窗口（W）/对象（O）］＜实时＞：a↙

3）图层的概念及设置

切记：图形对象的颜色、线型、线宽特性应设置成"随层（ByLayer）"。

（1）图层命令（Layer）

· 下拉菜单：【格式】→【图层】→弹出"图层特性管理器"对话框（图 2.1）。

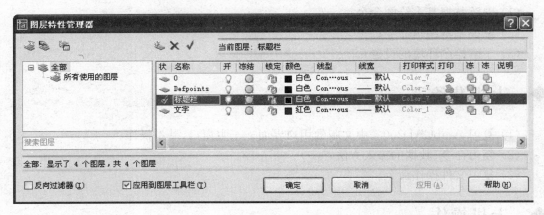

图 2.1　图层特性管理器

· 图标位置：在图层工具条中。

输入命令：La↙（Layer 的缩写）。

（2）创建新图层

① 在图 2.1 所示的对话框中，单击新建按钮，在 0 层下方显示一新层，缺省层名为"图层1"，用户可按需要改变新层名。新层的颜色、线型和线宽等自动继承 0 层的特性。

② 在新建图层一行中单击对应的颜色、线型和线宽项，将分别弹出"选择颜色"、"线宽"和"选择线型"对话框，供用户确定新层的特性；也可单击对话框中显示细节按钮，可显示"详细信息"选项区域。单击对应项目的翻页箭头，弹出颜色、线型和线宽列表，通过该区域也可以设置新图层的特性。

③ 完成若干新层的设置后，单击确定按钮，设置好的图层将随当前图形存盘。

（3）设置线型

"线型"是指作为图形基本元素的线条的组成和显示方式，如虚线、实线等。在 Auto-CAD 中，既有简单线型，也有由一些特殊符号组成的复杂线型，利用这些线型基本可以满足不同国家和不同行业标准的要求。

① 设置图层线型。绘制不同的对象，要使用不同的线型，这就需要对线型进行设置。默认情况下，图层的线型为 Continuous（连续）。要改变线型，可在图 2.1 所示的"图层特性

管理器"对话框的图层列表中,单击位于"线型"栏下的 Continuous,弹出"选择线型"对话框,在"已加载的线型"列表中选择一种线型,然后单击确定按钮即可,如图 2.2 所示。

图 2.2　选择线型对话框

② 加载线型。默认情况下,在"选择线型"对话框的"已加载的线型"列表框中,只有 Continuous 一种线型,如果要使用其他线型,必须将其加载到"已加载的线型"列表框中,这时可单击"加载(L)..."按钮,打开"加载或重载线型"对话框,从当前线型库选择需要加载的线型,如图 2.3 所示。

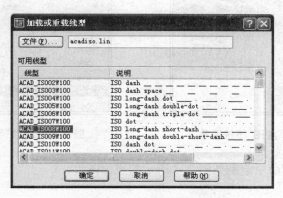

图 2.3　加载或重载线型对话框

2. 基本图形绘制命令

在 AutoCAD 中,绘图和编辑命令是通过绘图工具条(图 2.4)和编辑工具条(图 2.5),下拉菜单【绘图】(图 2.6)和【修改】(图 2.7)、在命令窗口直接输入绘图命令等方式来调用的。

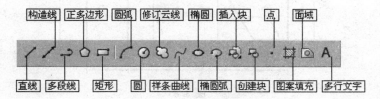

图 2.4　绘图工具条

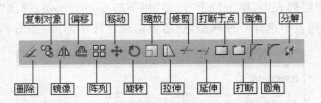

图 2.5　编辑工具条

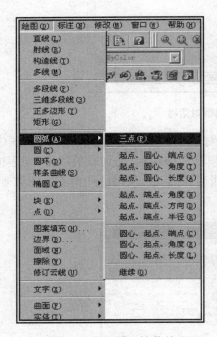

图 2.6　"绘图"下拉菜单

图 2.7　"修改"下拉菜单

例 2.1　用"直线"命令绘制如图 2.8 所示的平面图形。

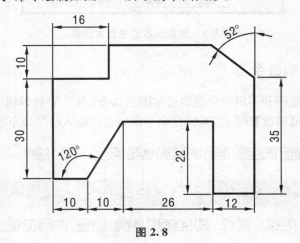

图 2.8

绘图环境设置：

单位设置：mm；度

绘图界限设置：(0,0)；(297,210)

图层设置：

图层 1　颜色　红　线型　ACAD_ISO008W100　线宽　默认

图层 2　颜色　绿　线型　Continuous　　　　　线宽　默认

图层 0　颜色　白　线型　Continuous　　　　　线宽　0.5

下拉菜单：【格式】→【图层】→弹出"图层特性管理器"对话框(图 2.1)。

绘图步骤如下：

打开"正交模式"，用鼠标指引水平或竖直方向。

单击按钮 ⚏ ，命令行提示：

命令：_line

指定第一点：p1

指定下一点或[放弃(U)]：10 ↙

指定下一点或[放弃(U)]：@20<60 ↙

指定下一点或[闭合(C)/放弃(U)]：26 ↙

指定下一点或[闭合(C)/放弃(U)]：22 ↙

指定下一点或[闭合(C)/放弃(U)]：12 ↙

指定下一点或[闭合(C)/放弃(U)]：35 ↙

指定下一点或[闭合(C)/放弃(U)]：<142 ↙　　　//角度替代：142

指定下一点或[闭合(C)/放弃(U)]：p8

指定下一点或[闭合(C)/放弃(U)]：＊取消＊

命令：Line

指定第一点：p1

指定下一点或[放弃(U)]：30 ↙

指定下一点或[放弃(U)]：16 ↙

指定下一点或[闭合(C)/放弃(U)]：10 ↙

指定下一点或[闭合(C)/放弃(U)]：p12

指定下一点或[闭合(C)/放弃(U)]：↙

命令：

命令：_trim

当前设置：投影＝UCS，边＝无

选择剪切边…

选择对象或<全部选择>：p8 找到 1 个

选择对象：p12 找到 1 个,总计 2 个

选择对象：↙

选择要修剪的对象,或按住 Shift 键选择要延伸的对象,或
[栏选(F)/窗交(C)/投影(P)/边(E)/删除(R)/放弃(U)]:p12
选择要修剪的对象,或按住 Shift 键选择要延伸的对象,或
[栏选(F)/窗交(C)/投影(P)/边(E)/删除(R)/放弃(U)]:p8
选择要修剪的对象,或按住 Shift 键选择要延伸的对象,或
[栏选(F)/窗交(C)/投影(P)/边(E)/删除(R)/放弃(U)]:↙
结果如图 2.9 所示。

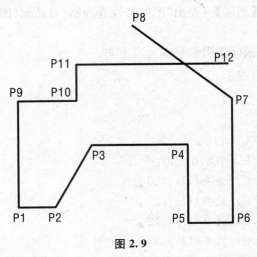

图 2.9

◆ **射线**(Ray)

1) 功能

绘制射线,即只有起点并且无限延长的直线。射线一般用作辅助线。

2) 命令格式

· 下拉菜单:【绘图】→【射线】。

· 输入命令:Ray ↙

◆ **构造线**(Xline)

1) 功能

绘制两端无限延长的直线,主要用来绘制辅助线。

2) 命令格式

· 下拉菜单:【绘图】→【构造线】。

· 图标位置: ╱ 在"绘图"工具条中。

· 输入命令:XL ↙(Xline 的缩写)。

选择上述任一方式输入命令,命令行提示:

指定点或[水平(H)/垂直(V)/角度(A)/二等分(B)/偏移(O)]:↙(输入构造线上的
第 1 点)

3) 选项说明

(1) 水平(H)

表示指定一点绘制一条与 X 轴平行的构造线。

（2）垂直（V）

表示指定一点绘制一条与 Y 轴平行的构造线。

（3）角度（A）

表示指定一个角度绘制构造线。

（4）二等分（B）

依次指定某角顶点和两条夹边上的点绘制构造线，主要用于绘制角平分线。

（5）偏移（O）

通过指定偏移距离或参考对象，绘制与原对象平行的构造线。

◆ **点与点的样式**

1）点（Point）

（1）功能

根据点的样式和大小绘制点，还可以进行线段等分点和块的插入。

（2）命令格式

· 下拉菜单：【绘图】→【点】→【多点】。

· 图标按钮： ▪ 在"绘图工具条"中。

· 输入命令：Po ↙（Point 的缩写）

注意：

点的命令只有按 Esc 键才能结束命令，按回车键或鼠标右键均不能结束命令。如果只需要画一个点，可用下拉菜单【绘图】→【点】→【单点】输入命令，画完一个点后自动结束命令。

2）点的样式和大小的设置

点在几何中是没有形状和大小的，只有坐标位置。为了清楚点的位置，可以人为地设置它的大小和形状，这就是点的样式设置。

（1）功能

设置点的样式和大小。

（2）命令格式

· 下拉菜单：【格式】→【点样式】。

当点取下拉菜单后，弹出"点样式"对话框，如图 2.10 所示。该对话框的上方是点的 20 个形状，被选中的呈黑色（默认为第一个）。PDMODE＝0，形状为小圆点，它没有大小。下方为两个单选框，默认的为"相对屏幕设置大小（R）"。如在"点大小"框中输入数值，则显示点相对屏幕大小的百分数（默认为 5%）。这时显示的点，其大小不随图形的缩放而改变；如选取"按绝对单位设置大小（A）"，在"点大小"框中输入的数值即为绝对的图形单位。这时显示的点，其大小随着图形的缩放而改变。

◆ **选择实体的方式**

当用户需要对部分图形进行编辑或查询时，系统就会提示"选择对象"。如果用户不熟悉各种选择方式时，可输入"?"，然后回车，系统会在命令行显示出 AutoCAD 的各种选择方式：

窗口（W）/上一个（L）/窗交（C）/框（BOX）/全部（ALL）/栏选（F）/圈围（WP）/圈交

(CP)/编组(G)/类(CL)/添加(A)/删除(R)/多个(M)/上一个(P)/放弃(U)/自动(AU)/单个(SI)。

AutoCAD 提供了 17 种目标选择方式。由于篇幅所限,这里介绍常用的 8 种方式。

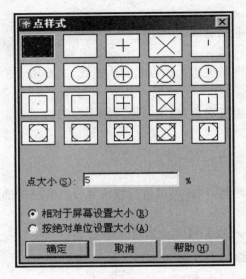

图 2.10 点的样式对话框

(1) 单个(SI)方式

单个方式也称直接选取方式。当命令行提示"选择对象"时,光标由"━╋━"变成"□"。直接将光标放在被选对象上拾取一点。

(2) 窗口(W)方式

当命令行提示"选择对象"时,用光标在屏幕上从左(左上或左下)至右(右上或右下)直接拖动一个矩形,实体全部在矩形内的被选中。

(3) 窗交(C)方式

当命令行提示"选择对象"时,用光标在屏幕上从右(右上或右下)至左(左上或左下)直接拖动一个矩形,只要实体有一点在矩形内,即被选中。

(4) 栏选(F)方式

当命令行提示"选择对象"时,输入 F 并回车。命令行提示:

第一栏选点:(直接用鼠标拾取第一点)

指定直线的端点或[放弃(U)]:(用鼠标拾取下一点)

……

指定直线的端点或[放弃(U)]:(直接回车,结束命令。然后,命令行提示所选目标的个数)

用户可以绘制任意折线,凡是与折线相交的实体均被选中。使用该方式对于不连续的长串目标非常方便。

(5) 上一个(L)方式

当命令行提示"选择对象"时,键入 L,表示选择相对当前图形最后创建的实体,这种方式每次只能选择一个对象。

（6）全部（ALL）方式

当命令行提示"选择对象"时，键入 ALL，表示屏幕上所有实体均被选中。

（7）删除（R）方式

当已选取某些实体后，用户发现选错了或多选了某些实体时，键入 R，这时重新选取的实体即被放弃拾取。如果用户要选中大部分实体时，采用"全部"与"删除"结合的选择方式更为方便。

（8）添加（A）方式

当用户完成目标选择后，发现还有少数目标没有被选中时，键入 A，可添加选择实体。

注意：

被选中对象变成虚线显示。

例 2.2　绘制如图 2.11 所示的平面图形。

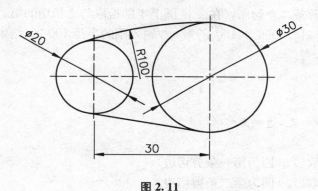

图 2.11

绘图步骤如下：

（1）单击按钮 ⊙

命令行提示：

命令_circle

指定圆的圆心或［三点（3P）/两点（2P）/相切、相切、半径（T）］：　　　//任意取一点为 ∅20 的圆心

指定圆的半径或［直径（D）］：10 ↙　　　//输入 ∅20 圆的半径 10，画出 ∅20 圆，结束命令

单击鼠标右键，选择"重复画圆"或单击"空格"键

命令：_circle

指定圆的圆心或［三点（3P）/两点（2P）/相切、相切、半径（T）］：@30,0 ↙　　　//用相对坐标输入 ∅30 的圆心坐标

指定圆的半径或［直径（D）］<10.0000>：15 ↙　　　//输入 ∅30 圆的半径 15，画出 ∅30 圆，结束命令

（2）单击按钮 ◢

命令行提示：

命令：_line

指定第一点：(左手按 Shift 键,同时单击鼠标右键,从立即菜单中选取"切点"后,在∅20圆下半部拾取一点)　　//画切线,找切点

指定下一点或[放弃(U)]：(左手按 Shift 键,同时单击鼠标右键,从立即菜单中选取"切点"后,在∅30圆下半部拾取一点)　　//确定第二切点

指定下一点或[放弃(U)]：↙　　//直接回车,结束命令

(3) 单击按钮 ⊘

命令行提示：

命令：_circle

指定圆的圆心或[三点(3P)/两点(2P)/相切、相切、半径(T)]:t↙　　//输入 t,选择"相切、相切、半径"选项后回车,命令行继续提示

指定对象与圆的第一个切点：(在∅20圆上半部拾取与之相切的第一条线段)

指定对象与圆的第二个切点：(在∅30圆上半部拾取与之相切的第二条线段)

指定圆的半径<15.0000>:100↙　　//输入圆的半径 100 后,结束命令

(4) 单击按钮 -/-

命令行提示：

命令_trim

当前设置:投影＝无,边＝无

选择剪切边...

选择对象：(拾取∅20圆为第一条剪切边)

选择对象：(拾取∅30圆为第二条剪切边)

选择对象：(直接回车,结束剪切边的拾取,命令行继续提示)

选择要修剪的对象,或按住 Shift 键选择要延伸的对象,或[投影(P)/边(E)/放弃(U)]:(拾取 $R100$ 圆的下半圆上一点,剪去多余圆弧,命令行继续提示)

选择要修剪的对象,或按住 Shift 键选择要延伸的对象,或[投影(P)/边(E)/放弃(U)]↙　　//直接回车,结束命令,完成全图

绘制中心线:如图 2.12 所示,选择图层 1,设置图层 1 为当前图层。用直线命令绘制中心线。

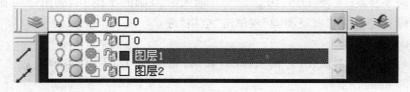

图 2.12

保存文件。

知识与经验

★ 从临时参照点(基点)偏移点:用"自"(From)命令修饰符建立一个临时参照点作为偏移后续点的基点。"自"方法不将光标限制为正交移动。"自"方法通常与对象捕捉共同使用。

操作步骤:

(1) 在提示输入点时,输入 from。

(2) 如果要自现有对象上的位置进行偏移,请指定对象捕捉方法,然后选择对象。

(3) 输入相对坐标。

★ 按住 Shift 键并单击鼠标右键可以显示对象捕捉菜单。

★ 图层如同透明的覆盖膜,是用来存放绘图对象的,图层具有特性,每一图层附属的特性有图层名、颜色、线型、线宽、打印样式等,图层还具有不同的状态:打开/关闭、冻结/解冻以及锁定/解锁。

★ 每一图形对象均有特性,其基本特性有颜色、线型、线宽、打印样式等。对象的基本特性可设成随层(Bylayer)、随块(Byblock)或特定值。若设置成随层,则所画对象取对象所在图层的设置值,且随图层特性改变。若对象特性设置成特定值,则图层特性对该对象无效。

★ 注意经常保存图形,以防系统发生故障造成数据丢失,前功尽弃。

★ 图层状态:开/关、冻结/解冻、锁定/解锁。

开/关。已关闭图层上的对象处于不可见状态,但使用 Hide 命令时它们仍然会遮盖其他对象。切换图层的开/关状态时,不会重新生成图形。

冻结/解冻。已冻结图层上的对象不可见并且不会遮盖其他对象。解冻一个或多个图层将导致重新生成图形。冻结和解冻图层比打开和关闭图层需要更多的时间。

锁定/解锁。锁定某个图层时,该图层上的所有对象均不可修改,直到解锁该图层。锁定图层可以减小对象被意外修改的可能性。仍然可以将对象捕捉应用于锁定图层上的对象,并且可以执行不会修改对象的其他操作。

实训 3 绘制平面图形

◆ 目的与要求

(1) 熟练掌握编辑命令；
(2) 熟练掌握创建对象选择(Select)集的方法；
(3) 掌握倒角(Chamfer)、圆角(Fillet)等命令；
(4) 掌握对象关键点的编辑方法。

◆ 上机准备

(1) 复习、学习圆 Circle，直线 Line，正多边形 Polygon 等绘图命令的用法；
(2) 复习修剪 Trim，偏移 Offset，删除 Erase，圆角 Fillet 和修改特性等编辑命令的用法；
(3) 复习图层管理、对象线型、颜色、线宽等特性设置的方法；
(4) 学习对象捕捉的使用方法。

◆ 上机操作

绘制图 3.1 所示的图形。

分析：

本例的环境设置应该包括图纸界限，图层(包括线型、颜色、线宽)的设置。按照图 3.1 所示的图形大小，图纸界限设置成 A4 横放比较合适，即 297×210。图层应该包括多种所需线型，本图需设点划线层、粗实线层和细实线层。

本例中的图形基准是图形中的中心线，首先应将两条中心线绘制正确，其他图线要分析清楚先后顺序和相互依赖的关系再进行画图。

图形外轮廓为内接于圆的正五边形，应先绘制直径为 ∅160 的圆，再使用 Polygon 命令直接绘制正五边形，然后按图形要求倒圆。

画图形中 5 个圆孔时应注意可使用环形阵列直接完成。

1) 开始一幅新图

单击"开始→程序→Autodesk→AutoCAD200 * -SimplifiedChinese→AutoCAD200 * "进入 AutoCAD200 * 绘图界面。

2) 设置图形界限

按照该图形的大小和 1∶1 作图的原则,设置图形界限为 A4。

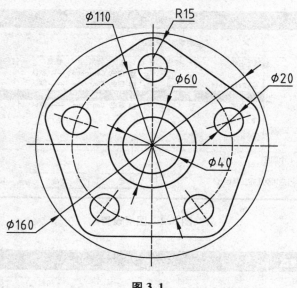

图 3.1

设置图形界限:

命令:limits ✔   //键入图形界限命令

重新设置模型空间界限:

指定左下角点或[开(ON)/关(OFF)]<0.0000,0.0000>:✔   //接受默认值

指定右上角点<297.0000,210.0000>:297,210 ✔   //设置成 A4 大小

显示图形界限

命令:z ✔   //键入显示缩放命令缩写

ZOOM   //显示全名

指定窗口角点,输入比例因子(nX 或 nXP),或

[全部(A)/中心点(C)/动态(D)/范围(E)/上一个(P)/比例(S)/窗口(W)]<实时>:

a ✔   //显示图形界限

正在重生成模型。

3) 设置图层

绘制该图形要使用粗实线、细实线和点划线,根据线型设置相应的图层。

进入图层管理器对话框。

单击"格式→图层"菜单,弹出如图 3.2 所示对话框。

(1) 新建图层

① 单击 新建(N) 按钮,在图层列表中将增加新的图层。连续单击 3 次,增加 3 个图层,默认的名称分别为"图层 1"、"图层 2"、"图层 3"。

② 将 3 个新建图层名称分别修改为"粗实线"、"细实线"、"点划线"。

(2) 加载线型

① 单击"点划线"图层后线型下方的名称,弹出"选择线型"对话框,如图 3.3 所示。初始时只有 Continous 一种线型,需要加载 ACAD_ISO08W100 线型。

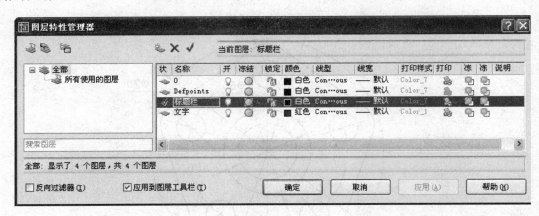

图 3.2　图层设置

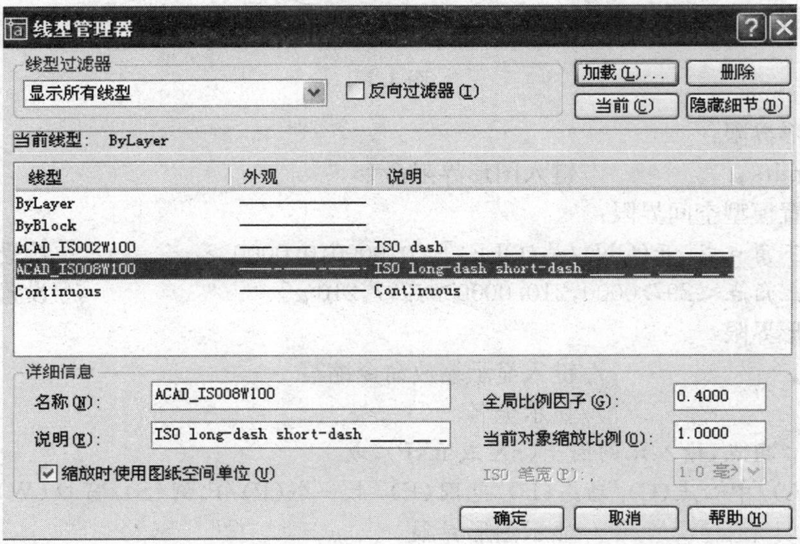

图 3.3　线型选择

② 单击"加载"按钮,弹出如图 3.4 所示的"加载或重载线型"对话框。在"加载或重载线型"对话框中选择 ACAD_ISO08W100 线型并单击"确定"按钮加载。退回"线型选择"对话框。结果如图 3.4 所示。

③ 在"线型选择"对话框中单击 ACAD_ISO08W100 线型,并单击"确定"按钮,退回图层管理器对话框,此时 ACAD_ISO08W100 线型被赋予点划线层。

（3）设置线宽

粗实线具有一定的宽度,通过线宽的设置来设定线宽的大小。

① 单击"图层管理器"对话框中"粗实线"层后的线宽（初始时为"默认"）,弹出如图 3.5

所示的"线宽"对话框。

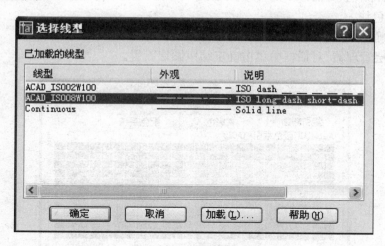

图 3.4　加载或重载线型

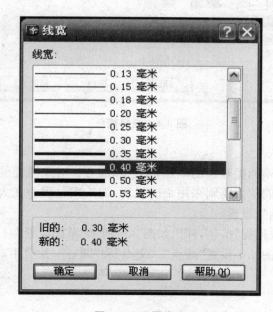

图 3.5　设置线宽

② 单击"0.5 毫米"线宽值,并单击"确定"按钮,退回"图层管理器"对话框。此时"粗实线"层后的线宽变成了"0.5 毫米"。

(4)设置颜色

为了在屏幕上显示不同图线,除了设置合适的线型外,还应充分利用色彩来醒目地区分不同的图线。

① 在"图层管理器"对话框中"点划线"层后的颜色小方框上单击,弹出如图 3.6 所示的"选择颜色"对话框。

② 在"选择颜色"对话框中的标准颜色区,单击黄色方块,相应在下方提示选择的颜色名称和示意颜色块。

③ 单击"确定"退回"图层管理器"对话框。

④ 在"图层管理器"对话框中单击确定结束图层设置。

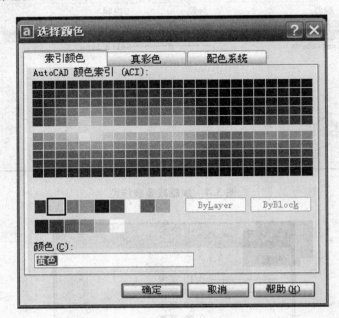

图 3.6 选择颜色

4)设置对象捕捉方式

精确绘制该图时必须捕捉对象的端点、交点和圆心。对象捕捉的方式既可以临时设置也可以预先设置。如果偶尔需要则采用临时设置,而绘图过程中在大多数情况下都需要使用的捕捉方式,则应该预先设置。

右击状态栏处"对象捕捉"按钮,弹出如图 3.7 所示"草图设置"对话框,其中第三个选项卡为"对象捕捉"。按照图 3.7 设置"端点"、"交点"和"圆心",并启用对象捕捉功能,单击"确定"按钮退出。

5)绘制中心线

先绘制能确定中心的两条点划线。

(1)设置当前图层

选择点划线层有两种处理方法:一是直接在点划线层上绘制;二是在其他层上绘制,再通过特性修改到点划线层。

本例采用第一种方式。

单击"格式→图层",打开"图层管理器"对话框。选择"点划线"层,并单击"当前"按钮,然后单击"确定"退出。

(2)绘制两条中心线

单击"绘图"工具条中绘制直线按钮。

命令:_line

按 F8 键＜正交　开＞　　　　　　　　　　　//打开正交模式绘制水平线和垂直线

指定第一点:(在屏幕左侧中部单击)　　　　　//确定 A 点位置

指定下一点或[放弃(U)]:　　　　　　　　　//确定 B 点位置

命令:_line

指定第一点:　　　　　　　　　　　　　　　//确定 C 点位置

指定下一点或[放弃(U)]:　　　　　　　　　//确定 D 点位置

指定下一点或[放弃(U)]:↙

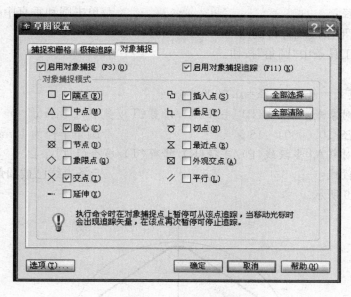

图 3.7　对象捕捉设置

结果如图 3.8 所示。

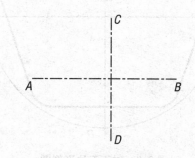

图 3.8　绘制中心线

6) 绘制辅助圆

单击"绘图工具条"中"圆"按钮。

命令:_circle

指定圆的圆心或[三点(3P)/两点(2P)/相切、相切、半径(T)]:　　　　//单击 AB 和 CD 的

交点

  指定圆的半径或[直径(D)]<80.0000>:80 ✓

  7) 绘制正五边形

  单击"绘图"工具条中的正多边形按钮。

  命令:_polygon

  输入边的数目<4>:5

  指定正多边形的中心点或[边(E)]:   //单击 AB 和 CD 的交点

  输入选项[内接于圆(I)/外切于圆(C)]<I>:I ✓

  指定圆的半径: //单击圆和垂直中心线上端的交点

  8) 对正五边形多段线进行倒圆

  单击"修改"工具条中"圆角"按钮。

  命令:_fillet

  当前设置:模式=修剪,半径=0.0000

  选择第一个对象或[多段线(P)/半径(R)/修剪(T)/多个(U)]:r ✓

  指定圆角半径<0.0000>:15 ✓   //圆角半径为 15mm

  选择第一个对象或[多段线(P)/半径(R)/修剪(T)/多个(U)]:p ✓

  选择二维多段线: //5 条直线已被圆角

  结果如图 3.9 所示。

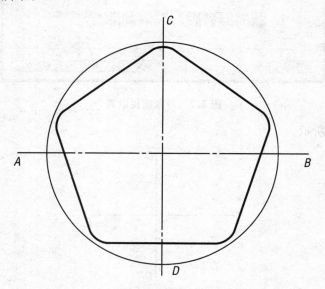

图 3.9 对正五边形倒圆

  9) 绘制两个中心圆

  对于圆来说也可以使用偏移命令。

  命令:_circle

  指定圆的圆心或[三点(3P)/两点(2P)/相切、相切、半径(T)]:

  //单击 AB 和 CD 交点

指定圆的半径或[直径(D)]<80.0000>:20　　　　//绘制半径为 20mm 的圆

命令:_offset　　　　　　　　　　　　　　　　//绘制半径为 40mm 的圆

指定偏移距离或[通过(T)]<通过>:10　　　　　//两圆半径差为 10mm

选择要偏移的对象或<退出>:　　　　　　　　//单击半径为 20mm 的圆

指定点以确定偏移所在一侧:　　　　　　　　//单击小圆外侧

选择要偏移的对象或<退出>:↙

结果如图 3.10 所示。

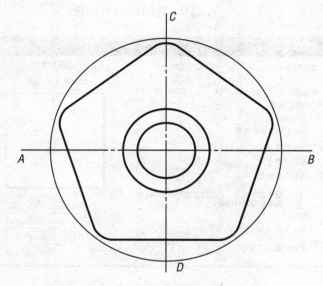

图 3.10　命令绘制圆

10) 绘制 5 个半径为 10 的小圆

(1) 先确定小圆位置:其圆心在以 AB 和 CD 交点为圆心、半径为 55 mm 的圆周上。所以,要先在点划线层绘制一个以 AB 和 CD 交点为圆心,半径为 55 mm 的圆。

(2) 该圆与垂直中心线的交点即为小圆的圆心。

(3) 在粗实线层绘制半径为 10 mm 的小圆。

(4) 采用阵列命令完成 5 个小圆的绘制:

① 单击"修改工具栏"中"阵列"按钮,弹出如图 3.11 所示阵列对话框。

② 选择环形阵列。

③ 中心点为 AB 和 CD 的交点(单击阵列对话框中心点后的鼠标按钮,然后在界面上直接用鼠标单击 AB 和 CD 的交点,即可选择中心点)。

④ 项目总数为 5 个。

⑤ 填充角度为 360 度。

⑥ 单击选择对象处的鼠标按钮,在界面上选择半径为 10 mm 的小圆,回车后返回阵列对话框。

⑦ 单击"确定"按钮,完成阵列操作。

命令:_circle

指定圆的圆心或[三点(3P)/两点(2P)/相切、相切、半径(T)]:

　　　　　　　　　　　　　//半径55 mm的圆与垂直中心线的交点

指定圆的半径或[直径(D)]<55.0000>:10↙

命令:_array

指定阵列中心点:　　　　　//单击AB和CD交点

选择对象:找到1个

选择对象:↙　　　　　　　//确认,返回阵列对话框

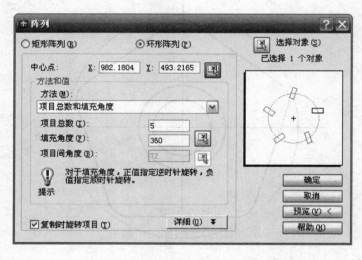

图3.11　阵列对话框

单击"确定",完成阵列。

(5)绘制5个直径20圆的中心线,整理后如图3.12所示。

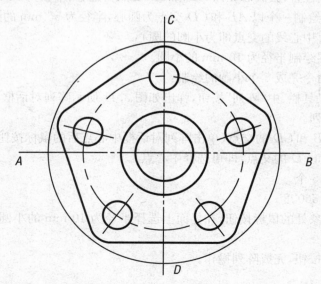

　图3.12　使用阵列命令后的图形

11）保存文件

单击"文件→另存为"，弹出"图形另存为"对话框，在文件名文本框中键入"简单平面图形"并单击"保存"按钮。

知识与经验

★ 如果用修剪命令（Trim）无法修剪的对象，可用删除（Erase）命令或重生成（Regen）命令试试，也许能奏效。

★ 特别注意：2002 版以后版本中复制命令默认选项是多重复制，回车或单击右键结束命令，2002 版以前版本复制命令的默认选项是单次复制，要实现多重复制必须选择可选项：多重（M）选项。

★ 在绘图区按住鼠标中键拖动可平移视图，滚动滚轮可缩放视图，鼠标指针所在点为缩放中心。

★ MIRRTEXT 系统变量

类型：整数

保存位置：图形

初始值：0

控制 Mirror 命令影响文字的方式。0 保持文字方向，1 镜像显示文字。

★ FILLMODE 系统变量

类型：整数

保存位置：图形

初始值：1

指定图案填充（包括实体填充和渐变填充）、二维实体和宽多段线是否被填充。0 不填充对象，1 填充对象。

★ 延伸（Extend）：将某条线延伸到边界对象上。

拉长（Lengthen）：无界延伸，可按百分比、指定长度、随意延长等。

拉伸（Stretch）：修改选定对象的端点，根据所选中的端点不同，有拉长、移动和变形等效果。

实训 4　绘制平面图形和三视图

◆　**目的与要求**

(1) 熟练掌握精确绘图的方法；
(2) 掌握平面图形的绘制方法；
(3) 掌握三视图的绘制方法。

◆　**上机准备**

1. 线段的类型

1) 已知线段
直线段：已知两点坐标；
　　　　已知一点坐标和长度、方向。
圆(圆弧)：已知圆心的 X、Y 两坐标和半径；
　　　　　已知直径的两端点；
　　　　　已知圆上 3 点。

2) 发中间线段
圆弧：已知圆心一个坐标、半径和与一已知线段(或圆弧)相切；
　　　已知半径、圆心一个坐标和过一已知线段上一的点。
直线：已知一个端点坐标及与一已知圆弧相切；
　　　已知一端与一已知圆弧相切和方向。

3) 连接线段
圆弧：已知半径和与两已知线段(或圆弧)相切；
　　　已知与三已知线段(或圆弧)相切；
　　　已知半径、与一已知线段(或圆弧)相切和过一已知点。
直线：已知与两已知圆弧相切。
先画已知线段，再画中间线段，最后画连接线段。
中间线段的求法：
两圆外切，两圆心距离为两圆半径之和。
两圆内切，两圆心距离为两圆半径之差。

两圆相切,已知一圆,另一圆的圆心在以已知圆圆心为圆心、两圆圆心距为半径的圆上。圆与直线相切,圆心在与已知直线相距为圆半径的平行线上。

2. 对象捕捉

在绘图过程中,有时要精确地找到已经绘出图形上的特殊点,例如直线的端点和中点、圆的圆心、切点、两个对象的交点等,如果单凭肉眼来拾取它们,不可能非常准确地找到这些点。AutoCAD 提供了"对象捕捉"功能,使用户可以迅速、准确地捕捉到这些特殊点,从而大大提高作图的准确性和速度。

1) 对象捕捉模式

对象捕捉模式共 17 种,其工具栏如图 4.1 所示。对象捕捉各种模式的名称和功能为:临时追踪点(TT)、捕捉自(FROM)、捕捉到端点(END)、捕捉到中点(MID)、捕捉到交点(INT)、捕捉到外观交点(APP)、捕捉到延长线(EXT)、捕捉到圆心(CEN)、捕捉到象限点(QUA)、捕捉到切点(TAN)、捕捉到垂足(PER)、捕捉到平行线(PAR)、捕捉到插入点(INS)、捕捉到节点(NOD)、捕捉到最近点(NEA)、无捕捉(NON)、对象捕捉设置。

图 4.1　对象捕捉工具栏

2) 对象捕捉模式的设置

(1) 设置自动捕捉功能

所谓自动捕捉功能,就是当用户把光标放在一个图形对象上时,AutoCAD 就会自动捕捉到该对象上所有符合条件的几何特征点,并显示出相应的标记。如果把光标放在捕捉点上停留片刻,AutoCAD 还会显示该捕捉的提示。这样,用户在选点之前,就可以预览和快速确认捕捉点。

设置自动捕捉模式可采用以下方法:

· 在命令窗输入 op↙,弹出"选项"对话框,再单击"草图"选项卡(图 4.2)。

① "自动捕捉设置"区,各参数选项功能如下:

· "标记"复选框,用于设置在自动捕捉到特征点时,是否显示特征标记框。

· "磁吸"复选框,用于设置在自动捕捉到特征点时,是否像磁铁一样将光标吸到特征点上。

· "显示自动捕捉工具栏提示"复选框,用于设置在自动捕捉到特征点时是否显示"对象捕捉"工具栏上相应按钮的提示文字。

· "显示自动捕捉靶框"复选框,用于设置是否显示捕捉靶框。

· "自动捕捉标记颜色"下拉列表框,用于设置自动捕捉标记的颜色。

② 自动捕捉标记大小,拖动滑块以设定"标记符号"的尺寸。

③ 靶框大小,拖动滑块以设定靶框的尺寸。

④ "对齐点获取"区,各参数选项功能如下:

· 自动,自动捕捉对象点。若按住 Shift 键,则不执行捕捉。

• 用 Shift 键获取，选此项则光标通过对象捕捉点时，要按住 Shift 键才执行捕捉。

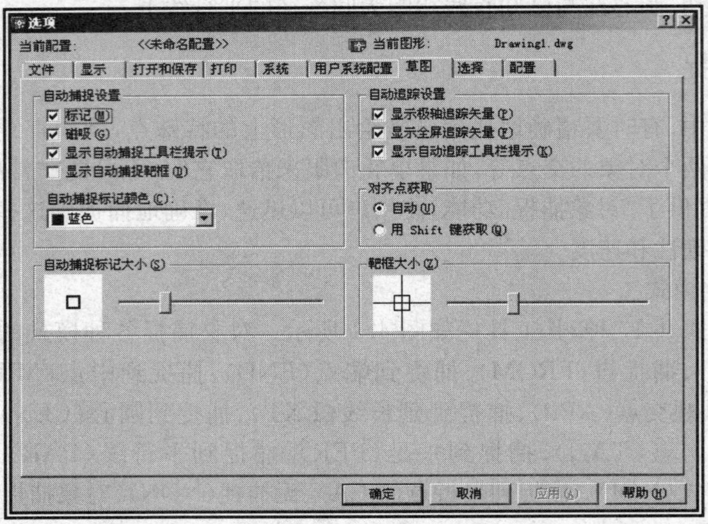

图 4.2　选项对话框的草图选项卡

（2）设置长期运行捕捉模式（亦称"永久"用法）

当需要连续使用某种模式来选取多个对象时，应预先把这种捕捉模式设置为长期运行模式。在需要定位时，系统会自动运行该模式去捕捉，直到把它关闭为止。如果需要，也可以同时设置几种捕捉模式为长期运行模式。

在运行时，AutoCAD 会自动选择所选对象最适合的捕捉模式。如果选择区内有几个合适的捕捉点，AutoCAD 将首先捕捉离靶框中心最近的点。如该点不合意，用户可以按 Tab 键来循环选择所需的特征点。

设置长期运行捕捉模式有以下 3 种方法：

① 下拉菜单，单击【工具】→【草图设置】→"对象捕捉"选项卡。

② 快捷菜单，在状态栏的对象捕捉按钮上单击右键，从快捷菜单中选择"设置"选项。如果尚未设置捕捉模式，则用左键单击此按钮亦可调出该对话框。

③ "对象捕捉"工具栏，单击"对象捕捉"工具栏中的图标 🔲。

绘图过程中对象捕捉的开/关功能常采用以下两种方法：

• 单击状态栏上的对象捕捉按钮。

• 按 F3 键。

在"对象捕捉"模式区设置长期运行的捕捉模式，如图 4.3 所示。先选中"启用对象捕捉"复选框，对象捕捉模式区以复选框的形式列出 13 种模式，单击某项的复选框，显示符号 √，表示该项被选中（再单击该项，即放弃选择），可视需要选择一种或多种。全部选择和全部清除两个按钮分别用于选取所有模式或清除所有已选择的模式。

（3）设置临时运行捕捉模式（亦称"一次性"用法）

在命令运行期间选择的捕捉模式就是临时运行捕捉模式。所选模式将覆盖长期运行的模式而被优先执行，它只能执行一次。但为了避免鼠标在拾取点时都实施"捕捉"，有时这种方法更为方便。

设置临时运行捕捉模式有以下 3 种方法：

① 在提示要求输入一个点时，从命令行键入所选模式的前 3 个字母（关键字），如 CEN 表示圆心捕捉模式。

② 从快捷菜单中选取。按 Shift 键或 Ctrl 键，并在绘图区内单击鼠标右键打开对象捕捉快捷菜单，如图 4.4 所示。从菜单上选择需要的子命令，再把光标移到要捕捉对象的特征点附近，即可捕捉到相应的对象特征点。

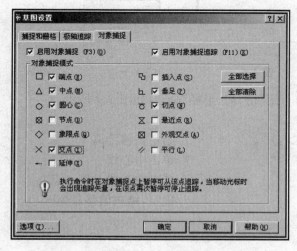

图 4.3　草图设置对话框的对象捕捉选项卡

图 4.4　对象捕捉快捷菜单

◆ 上机操作

1. 绘制平面图形

例 4.1　绘制图 4.5 所示的图形。

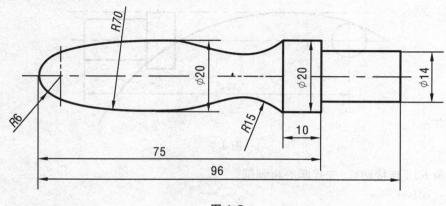

图 4.5

（1）分析：

右端直径 20、14 的两圆柱轮廓和左端 R6 的圆弧是已知线段，R70 是中间线段，R15 是连接线段。先画已知线段，再画中间线段，最后画连接线段。

（2）先画已知线段，如图 4.6 所示。

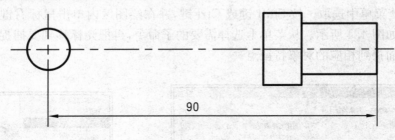

图 4.6

（3）画 R70 中间圆弧，先作辅助线，再用"切、切、半径"画圆，如图 4.7 所示。

命令：_offset

指定偏移距离或［通过（T）］＜通过＞:10 ↙　　　//给定偏移距离 10

选择要偏移的对象或＜退出＞:　　　　　　　　//单击中心线

指定点以确定偏移所在一侧:　　　　　　　　　//单击中心线上侧一点

选择要偏移的对象或＜退出＞:↙　　　　　　　//确定，结束偏移命令

命令：

命令：_circle

指定圆的圆心或［三点（3P）/两点（2P）/相切、相切、半径（T）］:t ↙

　　　　　　　　　　　　　　　　　　　　　　//输入 T，用"切、切、半径"画圆

指定对象与圆的第一个切点:　　　　　　　　　//在小圆上第二象限指定任一点

指定对象与圆的第二个切点:　　　　　　　　　//在偏移的辅助线上指定一点

指定圆的半径＜6.0000＞:70 ↙　　　　　　　//给定圆的半径，结束命令

结果如图 4.7 所示。

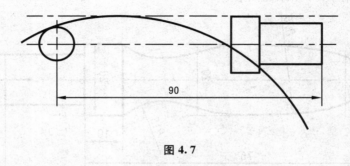

图 4.7

（4）画 R15 连接圆弧:先找圆心再画圆。

命令：_offset

指定偏移距离或［通过（T）］＜10.0000＞:15 ↙　　//偏移 R15 的半径值

选择要偏移的对象或＜退出＞：　　　　　　　//选择 R70 的圆

指定点以确定偏移所在一侧：　　　　　　　//在 R70 圆的外侧单击

选择要偏移的对象或＜退出＞：↙　　　　　//确定,结束偏移

命令：

命令：_circle

指定圆的圆心或[三点(3P)/两点(2P)/相切、相切、半径(T)]:　//单击 A 点

指定圆的半径或[直径(D)]＜70.0000＞:15 ↙　　　　　　//给定半径 15

命令：_circle

指定圆的圆心或[三点(3P)/两点(2P)/相切、相切、半径(T)]:　//单击 B 点

指定圆的半径或[直径(D)]＜15.0000＞:15 ↙　　　　//给定半径,绘出连接圆弧的圆

结果如图 4.8 所示。

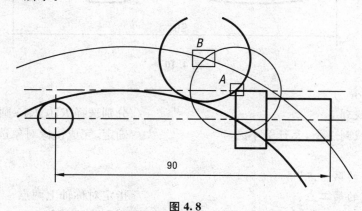

图 4.8

(5) 删除辅助线,修剪整理后如图 4.9 所示。

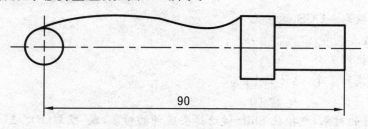

图 4.9

命令：_erase 找到 3 个 ↙　　　　　//分别选择辅助直线和两辅助圆,确定

命令：

命令：_trim　　　　　　　　//修剪

当前设置：投影＝UCS,边＝无

选择剪切边...

选择对象：找到 1 个

选择对象：找到 1 个,总计 2 个

选择对象：找到 1 个,总计 3 个

选择对象:找到 1 个,总计 4 个

选择对象:↙   //确定,完成剪切边的选择

选择要修剪的对象,或按住 Shift 键选择要延伸的对象,或[投影(P)/边(E)/放弃(U)]:
//选择要修剪的对象后确认

选择要修剪的对象,或按住 Shift 键选择要延伸的对象,或[投影(P)/边(E)/放弃(U)]:↙
//确定,结束修剪

(6) 以中心线为对称轴,镜像中间圆弧和过渡圆弧,修剪整理后如图 4.10 所示。

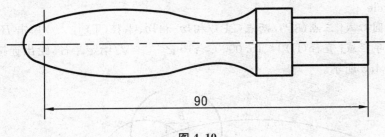

图 4.10

命令:_mirror

选择对象:找到 1 个   //分别选择 $R70$、$R15$ 圆弧

选择对象:找到 1 个,总计 2 个↙   //确定,完成镜像对象选择

选择对象:

指定镜像线的第一点:

指定镜像线的第二点: //指定对称轴上两点

是否删除源对象? [是(Y)/否(N)]<N>:n   //不删除源对象

命令:_trim   //修剪 $R6$ 圆弧

当前设置:投影=UCS,边=无

选择剪切边...

选择对象:找到 1 个

选择对象:找到 1 个,总计 2 个↙

选择对象:

选择要修剪的对象,或按住 Shift 键选择要延伸的对象,或[投影(P)/边(E)/放弃(U)]:

选择要修剪的对象,或按住 Shift 键选择要延伸的对象,或[投影(P)/边(E)/放弃(U)]:

＊取消＊

(7) 保存文件,结束绘制。

2. 三视图绘制实例

例 4.2 绘制如图 4.11 所示图形(练习题 Lx5.1)。

(1) 分析

先作俯视图(特征视图),再作主视图,最后作侧视图,要求:长对正,宽相等,高平齐。

(2) 实例操作

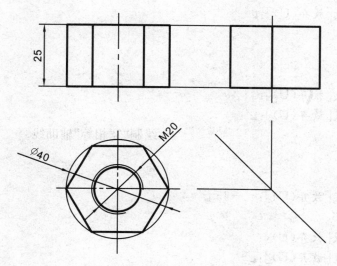

图 4.11

绘图环境设置:略。

命令:　　　　　　　　　　　　　　　//绘制俯视图正六边形

命令:_polygon

输入边的数目<4>:6 ✓

指定正多边形的中心点或[边(E)]:

输入选项[内接于圆(I)/外切于圆(C)]<I>:

指定圆的半径:20 ✓

命令:　　　　　　　　　　　　　　　//绘制主视图

命令:<正交开>　　　　　　　　　　//按 F8 键打开正交模式

命令:＊取消＊

命令:_line

指定第一点:

指定下一点或[放弃(U)]:

指定下一点或[放弃(U)]:25 ✓

指定下一点或[闭合(C)/放弃(U)]:

指定下一点或[闭合(C)/放弃(U)]:

指定下一点或[闭合(C)/放弃(U)]:✓

命令:_line

指定第一点:

指定下一点或[放弃(U)]:

指定下一点或[放弃(U)]:✓

命令:line

指定第一点:

指定下一点或[放弃(U)]:

指定下一点或[放弃(U)]:↙

命令:

命令:_line

指定第一点:

指定下一点或[放弃(U)]:

指定下一点或[放弃(U)]:↙

命令: //绘制"宽相等"辅助线

命令:line

指定第一点:

指定下一点或[放弃(U)]:<-45↙

角度替代:315

指定下一点或[放弃(U)]:

指定下一点或[放弃(U)]:↙

命令: //绘制左视图

命令:_line

指定第一点:

指定下一点或[放弃(U)]:

指定下一点或[放弃(U)]:

指定下一点或[闭合(C)/放弃(U)]:

指定下一点或[闭合(C)/放弃(U)]:

指定下一点或[闭合(C)/放弃(U)]:

指定下一点或[闭合(C)/放弃(U)]:↙

命令:_line

指定第一点:

指定下一点或[放弃(U)]:

指定下一点或[放弃(U)]:↙

命令:_erase 找到 1 个

命令:↙

命令:_line 指定第一点:

指定下一点或[放弃(U)]:

指定下一点或[放弃(U)]:↙   //结果如图 4.12 所示

命令: //绘制俯视图螺纹孔

命令:_circle

指定圆的圆心或[三点(3P)/两点(2P)/相切、相切、半径(T)]:

指定圆的半径或[直径(D)]:9↙

命令:_circle

指定圆的圆心或[三点(3P)/两点(2P)/相切、相切、半径(T)]:

指定圆的半径或[直径(D)]<9.0000>:10↙

命令: _break

选择对象:

指定第二个打断点或[第一点(F)]:

命令:

命令: *取消*

命令: _regenall　　　　　　　　　　　　//正在重新生成模型

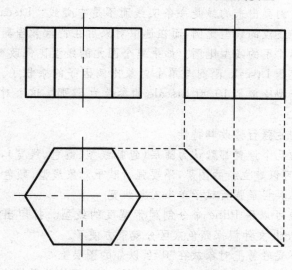

图 4.12

整理图形,如图 4.13 所示,保存文件。

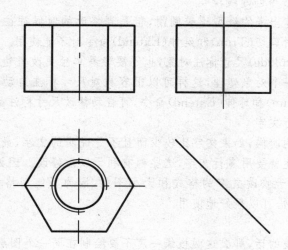

图 4.13

知识与经验

AutoCAD 高效绘图九"不要"

★ 不要轻易在特性管理器里修改单个线段的线型比例

通常在刚开始绘图的时候要用到中心线的线型,而初始绘图时很可能线型比例设置得不合适导致我们看到画出来的线是一条实线而不是中心线。Ltscale 改变的线型比例是整个图形里所有线段的线型比例,而在选中对象后在特性管理器里修改的线型比例是仅对所选线型起作用的线型比例。如果单个图元的线型比例改变了,那么这个图元线型的真实比例就是 Ltscale 比例与单个对象比例因子的乘积了。比如,某个对象在特性管理器里的线型比例是 10,而 Ltscale 的参数为 5,那么这个对象的线型比例应该是 50。

★ 不要轻易对单个图元强行修改其特性

通常要把图层中的几个设置都默认为随层(包括线型、颜色、线宽),以便于以后对图形的修改,若有必要可以建立新的图层,不要强行赋予对象线型、颜色、线宽。

★ 不要轻易在对象工具栏里强行赋予单个对象线宽

如果确实需要宽线可以用 Pline 命令创建带宽度的线型。打印出图时各种类型的线宽,用打印样式表 ctb 文件根据颜色来区分就很方便了。

★ 创建图块的时候不要轻易把对象放在"0"层以外的图层上

把对象放在"0"层的好处是,在插入图块的时候,这个图块的属性会根据我们插入的图层属性改变而改变,方便我们对图层的冻结操作以及根据颜色打印。

★ 尽量少用 Spline 命令创建线段

虽然这种方法创建出来的线型比较圆滑,但是到修改的时候往往比较麻烦,比如有时在对这种线段使用剪切(Trim)和延伸(Extend)命令时不能使用。

★ 不要轻易炸开(Explode)尺寸标注对象,也不要轻易单独更改里边的尺寸数字,要把整个尺寸标注作为一个对象处理,这样可以很容易对尺寸标注自动修改,还可以对尺寸标注使用剪切(Trim)和延伸(Extend)命令,可自动修改尺寸标注数字的大小。

★ 不要轻易使用多行文字

在需要文字注释的时候,如果文字比较少而且不是说明的文字,最好用单行文字,如果有大量的文字描述就要用多行文字,这些都有利于以后修改。因为如果在很多处用了多行文字的话,对于修改文字的格式和大小不利,因为不能用格式刷(Matchprop)匹配,而单行文字恰恰可以很好地使用。

★ 尽量不要画重线

如果必须要画重线的话,那么这两根线一定不要绘制在同一个图层上。

★ 不要轻易分解图块

如果确实需要修改图块的话,那么就对图块重新定义。

实训 5　图案填充与文本标注

◆　**目的和要求**

(1) 熟练掌握图案填充(Bhatch)和编辑(Hatchedit)方法；
(2) 熟练掌握文字样式(Style)的设置；
(3) 掌握文本(Dtext,Mtext)输入方法。

◆　**上机准备**

(1) 复习图案填充有关的内容；
(2) 复习文本标注有关的内容；
(3) 绘制好图形。

◆　**上机操作**

1. 图案填充实例操作

例 5.1　将图 5.1(a)所示图形绘制成图 5.1(b)所示图形。

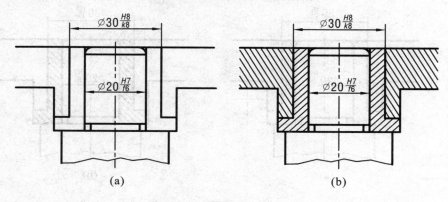

图 5.1

分析：图形由轴、轴套和机架 3 部分组成,组成机架的图形区域不封闭。

1) 命令输入

下拉菜单:【绘图】→【图案填充...】。或单击"绘图"工具条中的图案填充按钮 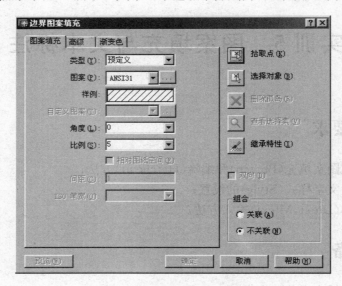。弹出图案填充对话框,如图 5.2 所示。其中 3 个选项卡分别为:图案填充、高级、渐变色。

图 5.2　边界图案填充对话框

2) 填充轴套区域

(1) 选取填充图案

在图案填充选项卡中,图案选择 ANSI31(金属材料);角度选择 0;比例暂选择 1。

(2) 选择填充区域

单击图案填充选项卡中右上角的"拾取点"按钮(图 5.2),返回到绘图区域,分别在轴套图形的两个封闭区域单击 A、B 两点(注意:拾取的点在封闭区域内,不能在线上),如图 5.3(a)所示。再单击"右键"确定填充区域,回到"图案填充"对话框。

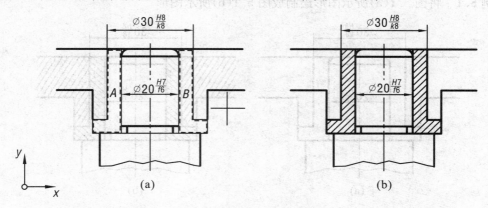

图 5.3

(3) 预览填充图案

单击"图案填充"选项卡左下角的"预览"按钮,查看填充是否合适,如果合适,单击"确定"按钮,完成图案填充。如果感觉填充图案不合适,可修改填充"角度"和"比例",如修改"比例为 0.75",再"预览",直到感觉合适为止。轴套填充后图形如图 5.3(b)所示。

　　3)填充机架区域

　　表示机架的两个图形区域不是封闭区域,不封闭区域不能完成图案填充,解决的办法是用辅助线将不封闭区域变成封闭区域,填充图案后再将辅助线删除。

　　(1)画辅助线

　　将"机架"两个不封闭区域变成两个封闭区域。

　　(2)选取填充图案

　　单击"绘图"工具条中的"图案填充"按钮 ▦。弹出图案填充对话框,如图 5.2 所示。在图案填充选项卡中,"图案"选择 ANSI31(金属材料);"角度"选择 90;"比例"选择 0.75。

　　(3)选择填充区域

　　单击图案填充选项卡中右上角的"拾取点"按钮(图 5.2),返回到绘图区域,分别在机架图形的两个封闭区域单击 C、D 两点(注意:拾取的点应在封闭区域内,不能在线上),如图 5.4(a)所示。再单击"右键"确定填充区域,回到"图案填充"对话框。

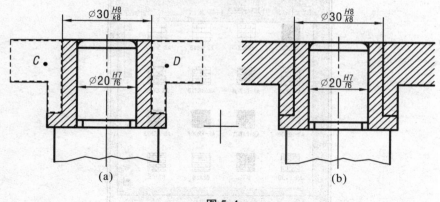

图 5.4

　　(4)预览填充图案

　　单击"图案填充"选项卡左下角的"预览"按钮,查看填充是否合适,如果合适,单击"确定"按钮,完成图案填充。如果感觉填充图案不合适,可修改填充"角度"和"比例",再"预览",直到感觉合适为止。单击"确定"按钮或单击"右键"确认图案填充。

　　(5)删除辅助线

　　机架填充后图形如图 5.4(b)所示。

　　4)"图案填充"选项卡说明

　　图案填充选项卡是用来设置填充图案形状、比例和角度的。

　　(1)类型(Y)

　　单击该选项右边的翻页箭头(图 5.5),从中选取填充图案的类型。

　　(2)图案(P)

　　单击该选项右边的翻页箭头(图 5.6),从中选取填充图案的名称。其中 ANSI31 是机械制图中最为常用的 45°平行线的图案。

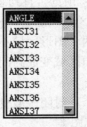

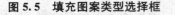

图 5.5 填充图案类型选择框　　　　图 5.6 填充图案名称翻页

可单击翻页箭头右边的按钮 ┄ ，弹出"填充图案选项板"对话框，如图 5.7 所示。在该对话框中，从 ANSI、ISO、其他预定义和自定义 4 个不同的选项卡中，拾取所需的填充图案后，单击确定按钮，返回到"边界填充图案"对话框中。在图案选项下方"样例："预显框中显示所选图案。

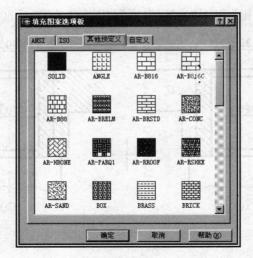

图 5.7 填充图案选项板对话框

（3）角度（L）

可在该选项框右边填写填充图案需要旋转的方向。如 45°平行线图案旋转 90°时，绘制的剖面线即为 135°方向。

（4）比例（S）

可在该选项框右边填写填充图案的绘制比例，确定其线条的疏密程度，以满足不同场合的需要。

5）"高级"选项卡说明

"高级"选项卡是用来设置填充区域类型的，如图 5.8 所示。

（1）"孤岛检测样式"区

孤岛检测样式分为 3 种，即普通、外部和忽略。

（2）"对象类型"区

　　该区是指定图案填充后,是否保留边界以及选择边界类型。该选项只对"拾取点"方式生效。在默认状态下,当用户选取填充区域后,系统为填充图案产生临时边界,并以虚线醒目显示。完成填充后,边界消失。如果选择"保留边界",临时边界将保留下来,与所选对象完全重合。用户可以通过删除原拾取对象的办法观察是否保留边界的两种效果。产生边界的实体可以是"多段线"或面域。

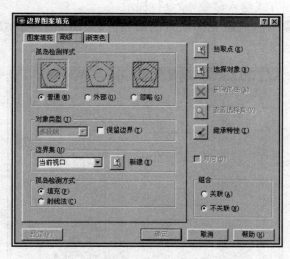

图 5.8　边界图案填充对话框中的高级选项卡

　　(3)"边界集"区

　　边界集是作为填充边界的一组对象。缺省状态是"当前视口",以当前图形中所有显示的对象作为边界集,每个对象都可以被选作填充边界。此外,系统还允许自定义图案填充边界集。单击新建按钮 后,命令行提示:

　　选择对象:(拾取对象,建立新的边界集)

　　正在分析所选数据...

　　拾取或按 Esc 键返回到对话框或<单击右键接受图案填充>:(当以"拾取点"方式所指定填充边界不是新建边界集中的对象时,屏幕弹出如图 5.9 所示的"边界定义错误"提示框,指出"未找到有效的图案填充边界")

图 5.9　边界错误定义提示框

　　6) 图案填充的编辑(Hatchedit)

　　已有的填充图案如果不合适可进行修改,包括改变图案类型、图案特性(倾角、比例)及属性等。

（1）修改方法

· 下拉菜单：【修改】→【对象】→【图案填充...】

· 图标位置：在"修改Ⅱ"工具条中

· 输入命令：He↙（Hatchedit 的缩写）

（2）选择上述任一方式输入命令，命令行提示

选择关联填充对象：（选取填充图案对象后，弹出如图 5.10 所示的"图案填充编辑"对话框）

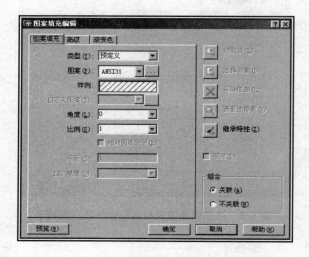

图 5.10　图案填充编辑对话框

（3）对话框的操作说明

"图案填充编辑"对话框与"边界图案填充"对话框中内容基本一致，只是有较多的按钮或选项呈现灰色（表示不可操作）。可按需要改变填充图案的类型、样式、角度、比例等，也可进入"高级"和"渐变色"选项卡，改变孤岛检测样式，完成后单击确定。

2. 文本标注操作实例

在输入文字之前，首先要设置文字样式。文字样式包括字体、字高、字宽、比例、倾斜角度以及反向、倒置、垂直、对齐等形式。

1）设置文字样式（Style）

（1）命令输入

· 下拉菜单：【格式】→【文字样式...】

· 图标位置："文字"工具条中文字样式

· 输入命令：St↙（Style 的缩写）

选择上述任一方式输入命令，弹出"文字样式"对话框，如图 5.11 所示。

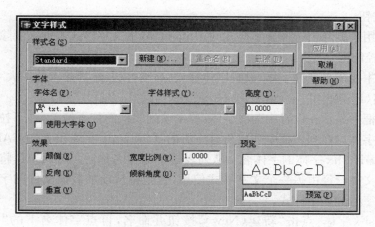

图 5.11　文字样式设置对话框

（2）新建 GB 文字样式

单击"新建"按钮，在弹出的"新建文字样式"对话框（图 5.12）中输入"GB"，单击"确定"，返回到"新建文字样式"对话框，在对话框中对新命名的文字样式进行设置。

图 5.12　新建文字样式对话框

（3）设置字体

在"字体名（F）"列表框中，单击该列表框的翻页箭头，在下拉列表中选取 gbenor.shx 字体。在"使用大字体（U）"可选项前打上"对勾"，在"大字体"框中选择 gbcbig.shx 字体。

（4）完成设置

单击"应用"按钮，完成新建文字样式 GB 设置。关闭文字样式对话框。

2）对话框说明

（1）样式名控制框

• 样式名列表框

在该列表框中显示当前所选的字样名。单击其右侧的翻页箭头，在下拉列表中显示当前图形文件中已定义的所有字样名。在未定义其他字样名之前，系统自动定义的字体样式名为 Standard。

• 新建按钮

该按钮是用来创建新字体样式的。单击该按钮，弹出"新建文字样式"对话框，如图5.12所示。在该对话框的编辑框中输入用户所需要的样式名，单击确定按钮，返回到"新建文字样式"对话框，在对话框中对新命名的文字进行设置。

• 重命名按钮

该按钮是用来更改已选择文字样式样式名称的。

· 删除按钮

该按钮是用来删除已选择文字样式的。Standard 的文字样式不能被删除。

（2）字体控制框

该控制框主要用来选择字体，设置字体样式、高度，以及选择是否使用大字体。

· 字体名（F）列表框

在该列表框中显示和设置中西文字体，单击该列表框的翻页箭头，在下拉列表中选取所需要的中西文字体。在列表框中列出所有注册的 TrueType 字体和 AutoCADFonts 文件夹中 AutoCAD 编译 shx 字体的字体名。从列表框中选择名称后，AutoCAD 将读出指定字体的文件。除非文件已经由另一个文字样式使用，否则将自动加载该文件的字符定义。可以定义使用同样字体的多个样式。

① Isocp. shx 字体：点击"新建（New）"按钮并命名，再点字体名下的"▼"，选取字体"Isocp. shx"，然后点击"应用（Apply）"按钮，最后点击"关闭（Close）"按钮。一般图纸上的数字用 Isocp. shx 字体，与我国的国标字体相似，但不能写汉字。

② 工程字体：点击"新建（New）"按钮，命名文字样式，再点字体名下的"▼"，选取字体"gbeitc. shx"（斜体）或"gbenor. shx"（正体），勾选使用大字体，再点字形下的"▼"，选取字体"gbcbig. shx"，然后点击"应用（Apply）"按钮，最后点击"关闭（Close）"按钮。这是 Autodesk 公司专为中国用户设置的符合中国国标的字体，可同时书写汉字、数字、∅ 等符号。这种字体只在 AutoCAD2002 以后的版本中才有。

· 使用大字体（U）

指定亚洲语言的大字体文件。只有在"字体名"中指定 shx 文件，才能使用大字体。只有 shx 文件可以创建大字体。

· 高度（T）输入框

该输入框主要用于设置文字高度。如果输入 0.0，则每次用该样式输入文字时，Auto-CAD 都将提示输入文字高度。如果输入大于 0.0，则为设置该样式的文字高度。在相同的高度设置下，TrueType 字体显示的高度要小于 shx 字体。

注意：在 AutoCAD 提供的 TrueType 字体中，大写字母不能正确反映指定的文字高度。

（3）效果控制框

该控制框主要用来修改字体的特性。例如，高度、宽度比例、倾斜角、颠倒、反向或垂直对齐等，如图 5.13 所示。

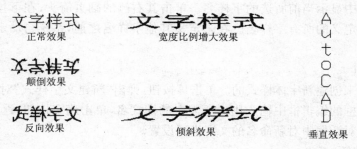

图 5.13

注意：设置文字倾斜角 α 的取值范围是：$-85 \leqslant \alpha \leqslant 85$。

（4）预览框

随着字体的改变和效果的修改，动态显示文字样例。在字符预览图像下方的方框中输入字符，将改变样例文字。

3）单行文本的输入（Dtext）

在图中注写单行文本，标注中可以使用回车键换行，也可以在另外的位置单击鼠标左键以确定一个新的起始位置。不论换行还是重新确定起始位置，都将每次输入的一行文本作为一个独立的实体。

（1）命令输入

- 下拉菜单：【绘图】→【文字】→【单行文字】
- 输入命令：Dt↙（Dtext 的缩写）

选择上述任一方式输入命令，命令行提示：

命令：dtext
当前文字样式：Standard　文字高度：5.0000　注释性：否
指定文字的起点或[对正(J)/样式(S)]：s　　　　　　//设置文字样式
输入样式名或[?]<Standard>：GB　　　　　　//选择 GB 样式
样式名："GB"　　　字体文件：gbenor.shx, gbcbig.shx
高度：0.0000　宽度因子：1.0000　倾斜角度：0
生成方式：常规
指定高度<2.5000>：5　　　　　　　　//输入字高为 5
指定文字的旋转角度<0>：　　　　　　//确认文字旋转角度为 0
机械制图　%%c120%%d0.02　2X45%%d　　//输入单行文本
显示如图 5.14 所示。

机械制图　⌀120±0.02　2X45°

图 5.14

（2）选项说明

① 指定文字的起点该选项为默认选项，输入或拾取注写文字的起点位置。当确定起点位置后，命令行提示：

指定高度<2.5000>：（输入文字的高度。也可以输入或拾取两点，以两点之间的距离为字高。当系统确定文字高度值后，命令行继续提示）

指定文字的旋转角度<0>：（输入所注写的文字与 X 轴正方向的夹角，也可以输入或拾取两点，以两点的连线与 X 轴正方向的夹角为旋转角，命令行继续提示）

输入文字：（输入需要注写的文字，用回车键换行，连续两次回车，结束命令）

② 对正(J)该选项用于确定文本的对齐方式。

③ 样式(S)设置文字样式。

4）多行文字的输入（Mtext）

（1）命令输入

· 下拉菜单：【绘图】→【文字】→【多行文字】...

· 图标位置："绘图"工具条 A

· 输入命令：Mt ↙（Mtext 的缩写）

选择上述任一方式输入命令，命令行提示：

命令：_mtext

当前文字样式："GB"　　文字高度：5　　注释性：否

指定第一角点：

指定对角点或［高度（H）/对正（J）/行距（L）/旋转（R）/样式（S）/宽度（W）/栏（C）］：

//用鼠标在绘图区域给出两点作为文本输入窗口

显示多行文字输入窗口和文字格式对话框，如图 5.15 所示。

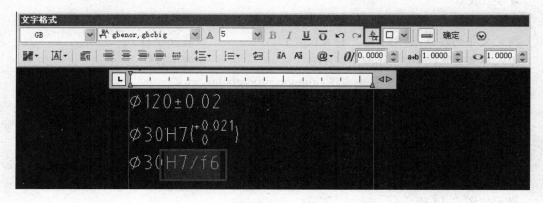

图 5.15

（2）输入文本

用键盘输入文本，如图 5.15 所示。

（3）"文字格式"对话框说明

当指定输入文字范围的矩形对角点后，弹出"文字格式"对话框，如图 5.16 所示。

5）特殊字符的输入

AutoCAD 提供了制图中常用的特殊字符代码：

特殊字符"∅"，代码为"％％C"。例如：∅10，输入"％％C10"。

特殊字符"°"，代码为"％％D"。例如：45°，输入"45％％D"。

特殊字符"±"，代码为"％％P"。例如：±0.001，输入"％％P0.001"。

其他特殊字符可使用输入法附带的软键盘输入。

输入分数、极限偏差等用堆叠的方式：

➢ 斜杠（/）垂直地堆叠文字，如 3/4 堆叠后由水平线分隔。　　$\frac{3}{4}$

➢ 磅符号（＃）对角地堆叠文字，如 3＃4 堆叠后由对角线分隔。　　$\frac{3}{4}$

➤ 插入符(^)创建极限偏差堆叠,如 1003^4,堆叠后不用直线分隔。 $100\frac{3}{4}$

如图 5.16 所示,分别选择输入的堆叠字符,单击"文字格式"工具栏的"堆叠"按钮,能够创建 3 种堆叠文字。

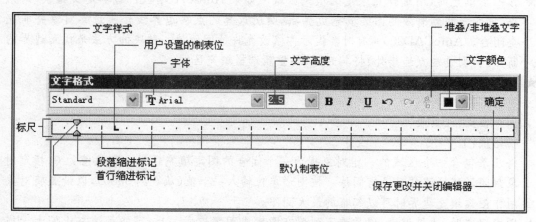

图 5.16　文字格式对话框

6) 编辑文本(Ddedit)

(1) 命令输入

下拉菜单:【修改】→【对象】→【文字】→【编辑】...

(2) 编辑单行文字

拾取单行文字后,弹出"编辑文字"对话框,如图 5.17 所示。在该对话框中可重新输入、删除或增添文字后,单击确定按钮,完成编辑操作。

图 5.17　编辑文字对话框

(3) 编辑多行文字

拾取多行文字后,弹出"文字格式"对话框,如图 5.15 所示。在该对话框中可重新输入、删除或增添文字,并可进行字高、字体、颜色等其他内容的修改。完成修改后,单击确定按钮,完成编辑操作。

知识与经验

★ 作图案填充时,用选择点来定义填充区域。如果 AutoCAD 弹出"边界定义错误"对话框,提示未找到有效的图案填充边界,说明所选择的点在边界线外或边界对象并非完全闭合。AutoCAD200 ∗ 有时会提示你修改允许的间隙值。解决的方法是找到边界的断点(特别是端点连接处)将其封闭,再重新选择填充区域。

★ ACAD200 ∗ 系统变量:Hpgaptol

类型:实数

保存位置:注册表

初始值:0

将几乎包含一个区域的一组对象视为一个闭合的图案填充边界。默认值为 0,指定对象封闭了该区域并且没有间隙。按图形单位输入一个值(从 0 到 5000),以设置将对象用作图案填充边界时可以忽略的最大间隙。

★ 图案填充时,边界正确,但是看不到填充图案或图案连成一片,可能是填充比例太大或太小,修改比例为合适值。

★ 在文字输入时,有时中文显示的全是"?"或中文输入中个别地方显示"?"。原因是用非中文字体输入了中文文字或在中文字体下输入了英文特殊字符(如％％C、％％D、％％P等)。修改文字样式中的字体为中文字体即可解决,特殊字符在中文字体中用中文输入方法。

★ 按要求操作,写出的汉字全部竖写(或卧放),这是在设置字体时选中了带"@"的字体,如"@宋体",应选下面不带"@"的"宋体"。

实训 6 块及其应用

◆ **目的和要求**

（1）熟练应用常见的绘图方法；
（2）能够正确制作块和使用块，使作图简单化；
（3）能够运用有属性的块，并会对其进行修改。

◆ **上机准备**

（1）熟悉创建块的方法 Block 和 Wblock 命令；
（2）熟悉块插入的方法 Insert 命令；
（3）熟悉块属性的定义和修改方法。

◆ **上机操作**

标注图 6.1 所示的表面粗糙度。

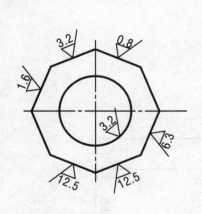

(a) GB/T131-1993

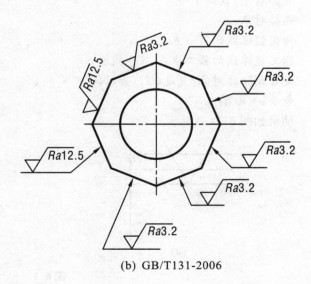

(b) GB/T131-2006

图 6.1

1. 表面粗糙度块的制作

1）基本图形绘制

（1）绘制如图 6.2(a)所示图形。

当前图层:0 层。

命令:_line 指定第一点:(在屏幕上适当的位置单击)

指定下一点或［放弃(U)］:@20,0 ↙↙

命令:_offset

指定偏移距离或［通过(T)］<3.5000>:3.5 ↙

选择要偏移的对象或<退出>:　　　　　　//选择线段

指定点以确定偏移所在一侧:(单击)

选择要偏移的对象或<退出>　　　　　　//选择线段

指定点以确定偏移所在一侧:(单击)

选择要偏移的对象或<退出>:＊取消＊

命令:_line 指定第一点:　　　　　　　//选择第三条线的中点

指定下一点或［放弃(U)］:<60 ↙　　　//角度替代:60°

指定下一点或［放弃(U)］:(指定第二点)

指定下一点或［放弃(U)］:↙

命令:_mirror

选择对象:找到 1 个

选择对象:↙

指定镜像线的第一点:

指定镜像线的第二点:

是否删除源对象?［是(Y)/否(N)］<N>:↙

命令:＊取消＊

结果如图 6.2(a)所示。

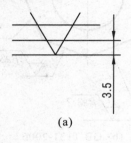

(a)

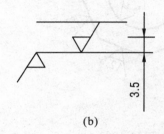

(b)

图 6.2

（2）修剪、复制、旋转后如图 6.2(b)所示。

2）设置文字属性

【绘图】→【块】→【属性】,弹出"属性"对话框如图 6.3 所示。

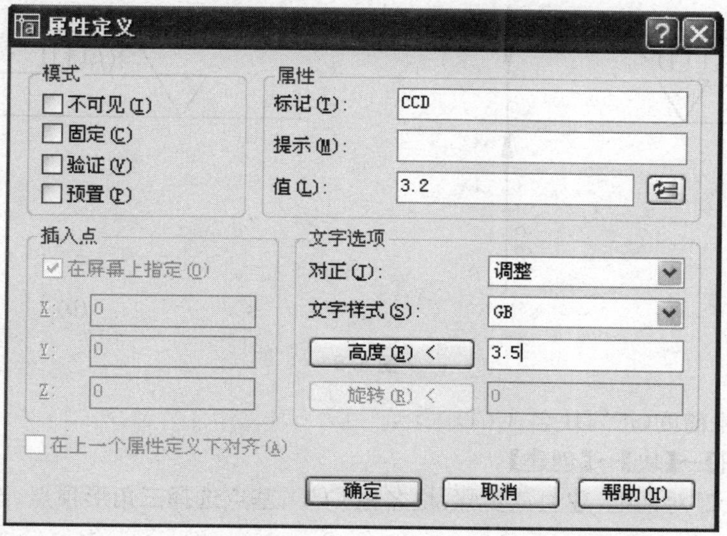

图 6.3

设置如图所示,单击确定,回到绘图窗口,放置"属性"文字。

选择两点放置"属性"文字后,选中文字,单击右键,选择"属性",弹出"属性"对话框,将"字高"修改成 3.5,如图 6.4 所示。

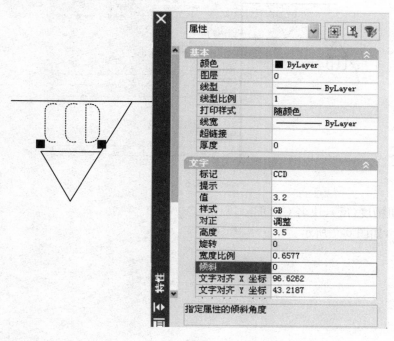

图 6.4

关闭对话框,复制"属性"文字,如图 6.5(a)所示。同样可制作如图 6.5(b)所示图形与"属性"文字。

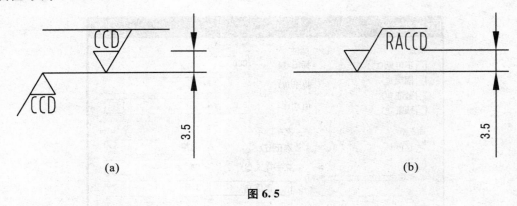

(a)   (b)

图 6.5

3) 创建块粗糙度(正),块名:CCD
菜单:【绘图】→【块】→【创建】
弹出"块定义"对话框,建块三步骤:块名称 CCD、基点选择三角形顶点、选择取对象。如图 6.6 所示。

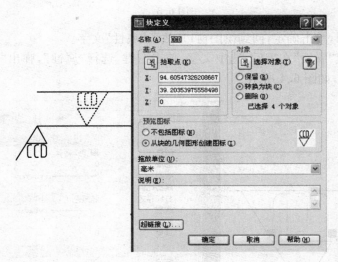

图 6.6

4) 创建粗糙度(反),块名 CCDF
过程同上,如图 6.7 所示。

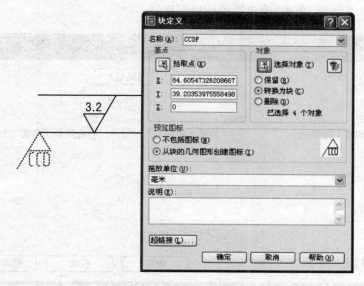

图 6.7

5) 写块

在命令行输入 W,确定。弹出"写块"对话框,如图 6.8 所示。

图 6.8

源:单选块,选择块保存的位置和块名称,单击确定。

2. 标注表面粗糙度

绘图工具栏/[插入块],弹出"插入"对话框,设置"插入点"和"旋转"在屏幕上指定、缩放比例为 1,如图 6.9 所示,单击"确定",返回绘图区域。

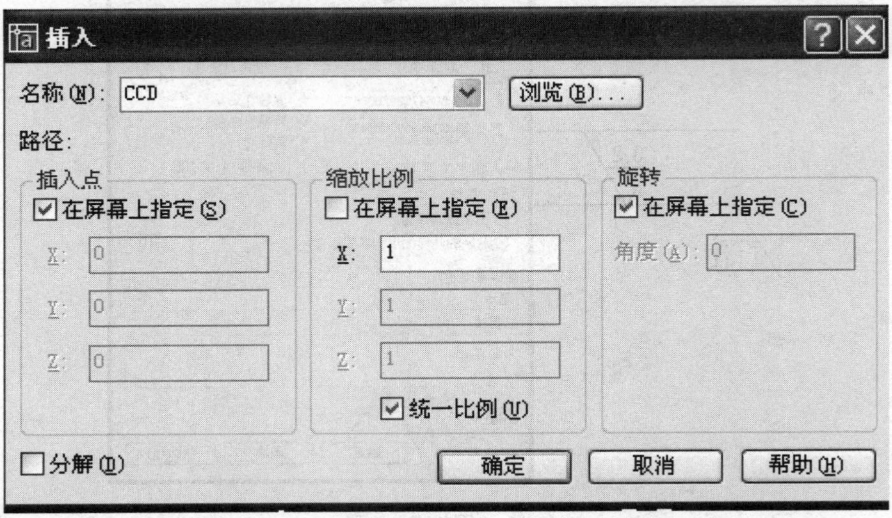

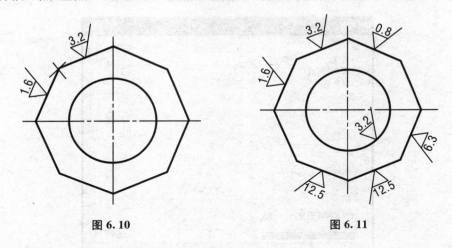

图 6.9

选择插入点(基点),确定方向,输入粗糙度值。标注如图 6.10、6.11 所示。

图 6.10   图 6.11

3. 制作带属性的基准符号块和标题栏

(1) 制作如图 6.12 所示的基准符号块。

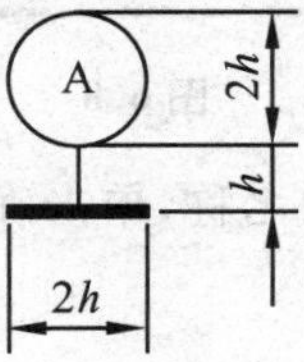

图 6.12

（2）将学生标题栏（图 6.13）制成标题栏块，并写成块文件保存。

图样名称		比例	比例	图样代号	
		件数	件数		
班级	班级名称		材料	材料	成绩
制图	签名	年　月　日	学校名称		
审核					

130 （上方总宽标注）

40 （右侧高度标注）

12　28　25　12　20　12 （下方尺寸标注）

图 6.13

知识与经验

★ 定义块的时候块内对象只能在一个层上（最好是 0 层），可以用不同的颜色，别用不同的层！否则在图层操作时会带来不必要的麻烦。

★ 修改块的方法

（1）将原块分解，修改后用原块名重新定义成块。

（2）用修改块命令 Refedit 按提示进行，修改好后用命令 Refclose 确定保存。原先插入的块按修改后块也随之修改并保存。

★ 在 CAD 使用过程中如不能分解图块了，先试一试能否分解别的实体（如多行文本、填充图案等），如果能，说明是你所选择的实体本身不能被分解；如果不能，则可能是感染了一个基于 AutoLISP 语言的病毒程序 acad. lsp。它的主要表现特征为打开任意一张图纸均不能分解图块，即 Explode 命令无效，原因可能是复制使用了带有病毒的文件，解决的办法是清除该病毒。

建议尽量不要复制使用来历不明的图形文件。

★ 所谓的快捷命令是 AutoCAD 为了提高绘图速度定义的快捷方式，它用一个或几个简单的字母来代替常用的命令。所有定义的快捷命令都保存在 AutoCAD 安装目录下 Support 子目录中的 acad. pgp 文件中，我们可以通过修改该文件的内容来定义自己常用的快捷命令。

★ 快捷命令的命名规律

（1）快捷命令通常是该命令英文单词的第一个或前面两个字母，有的是前三个字母。比如，直线（Line）的快捷命令是"L"；复制（Copy）的快捷命令是"CO"；线型比例（LTScale）的快捷命令是"LTS"。在使用过程中，试着用命令的第一个字母，不行就用前两个字母，最多用前三个字母，也就是说，AutoCAD 的快捷命令一般不会超过三个字母，如果一个命令用前三个字母都不行的话，就只能输入完整的命令了。

（2）另外一类的快捷命令通常是由"Ctrl 键加一个字母"组成的，或者用功能键 F1～F8

来定义。比如 Ctrl 键＋"N"，Ctrl 键＋"O"，Ctrl 键＋"S"，Ctrl 键＋"P"分别表示新建、打开、保存、打印文件；F3 表示"对象捕捉"等。

（3）如果命令第一个字母相同的话，那么常用的命令取第一个字母，其他命令可用前面两个或三个字母表示。比如"R"表示 Redraw，"RA"表示 Redrawall；比如"L"表示 Line，"LT"表示 LineType，"LTS"表示 LTScale。

（4）个别例外的需要我们去记忆，比如"修改文字"（Ddedit）就不是"DD"，而是"ED"；还有"AA"表示 Area，"T"表示 Mtext，"X"表示 Explode 等。

实训 7 尺寸标注样式设定及尺寸标注

◆ 目的和要求

（1）掌握尺寸标注样式设定方法；
（2）掌握各种尺寸标注方法；
（3）掌握尺寸编辑修改方法。

◆ 上机准备

（1）复习尺寸标注；
（2）预先绘制好图形，如图 7.1 所示。

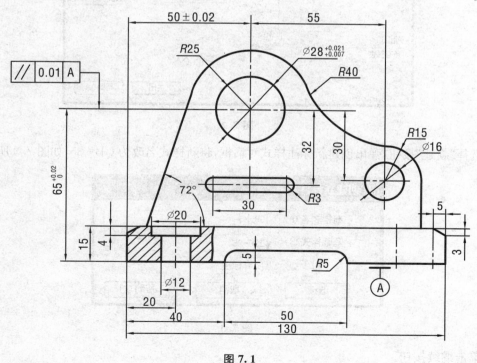

图 7.1

◆ 上机操作

1. 打开文件、设置图层、设置对象捕捉模式

设置对象捕捉模式为端点模式,建立尺寸标注专用层,并将当前层设置为尺寸标注层。

2. 尺寸样式设定

下拉菜单:【格式】→【标注样式】
工具栏:【标注】→【标注样式】弹出"尺寸样式管理器"对话框,如图 7.2 所示。

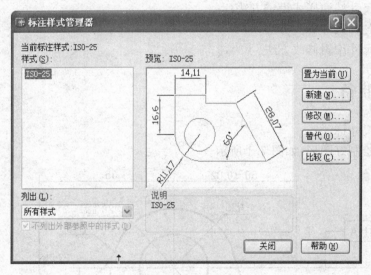

图 7.2

选择"新建"按钮,弹出创建新标注样式对话框,将新样式名改为 GB-35,如图 7.3 所示。

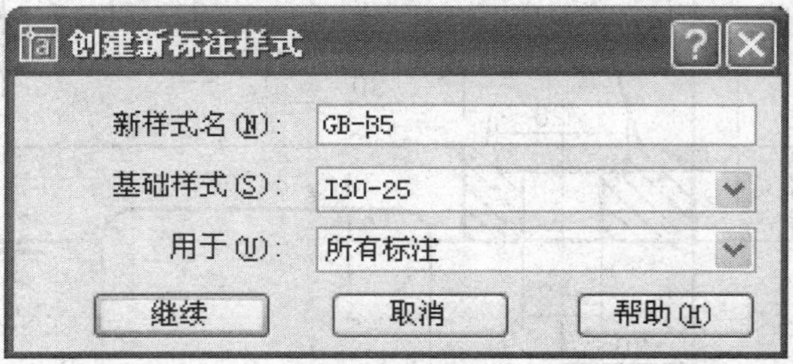

图 7.3

单击继续按钮。

(1) 设置基本标注样式。

按照图 7.4、图 7.5、图 7.6、图 7.7 所示设置。

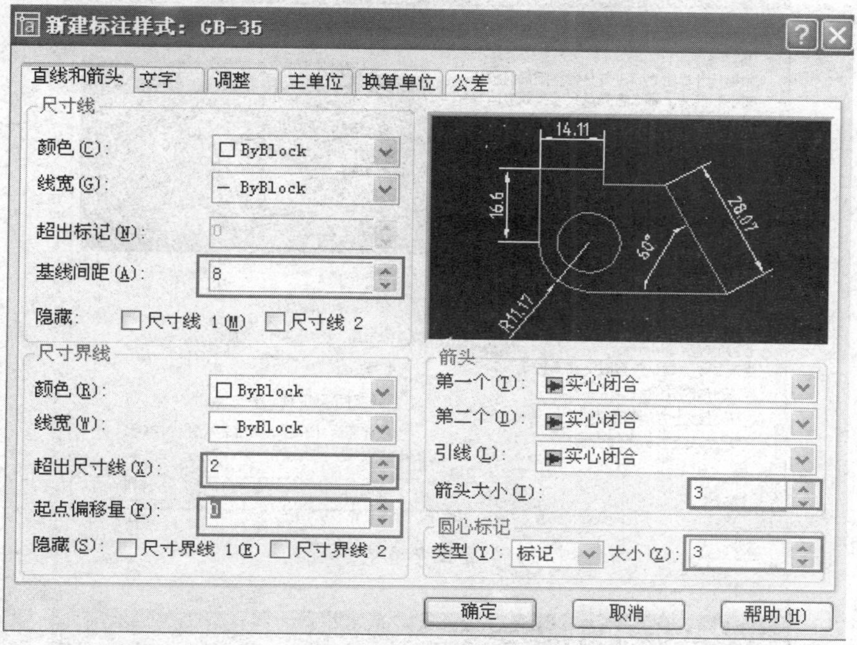

图 7.4

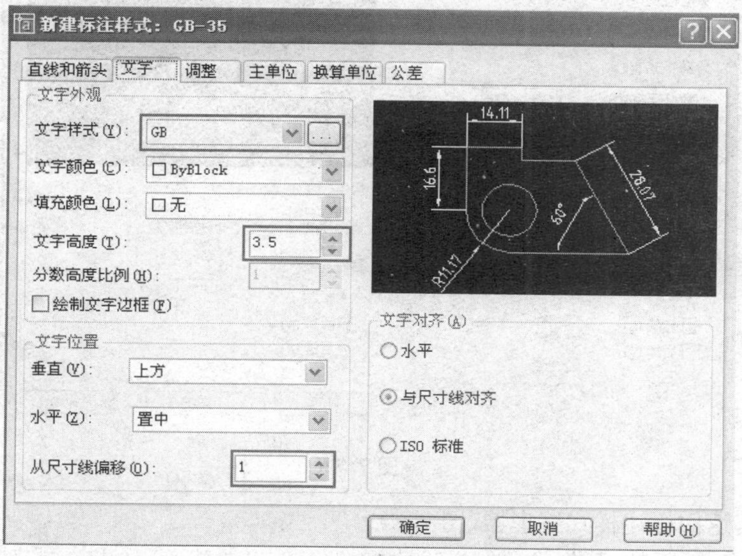

图 7.5

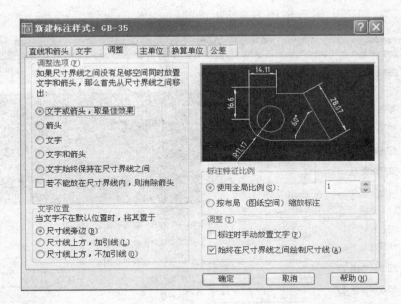

图 7.6

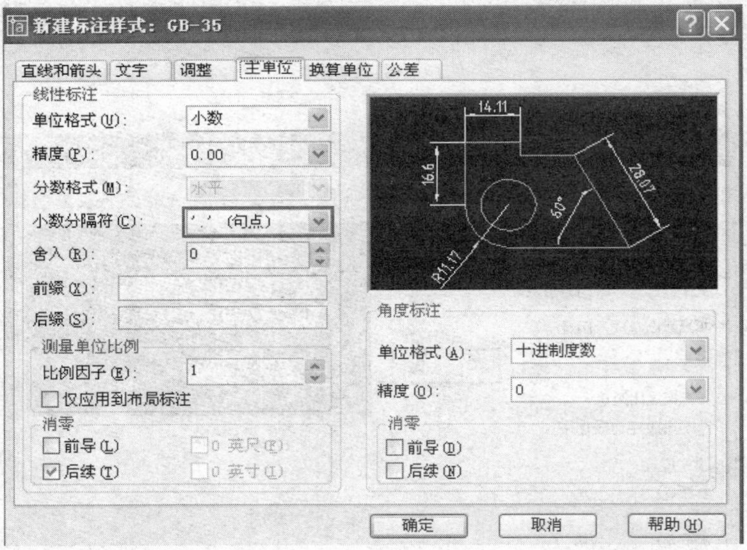

图 7.7

单击确定,返回标注样式管理器(图 7.2)。

(2) 设置角度标注子样式,单击新建按钮,弹出创建新标注样式对话框(图 7.8、图 7.9)。

单击确定。返回标注样式管理器(图 7.2)。

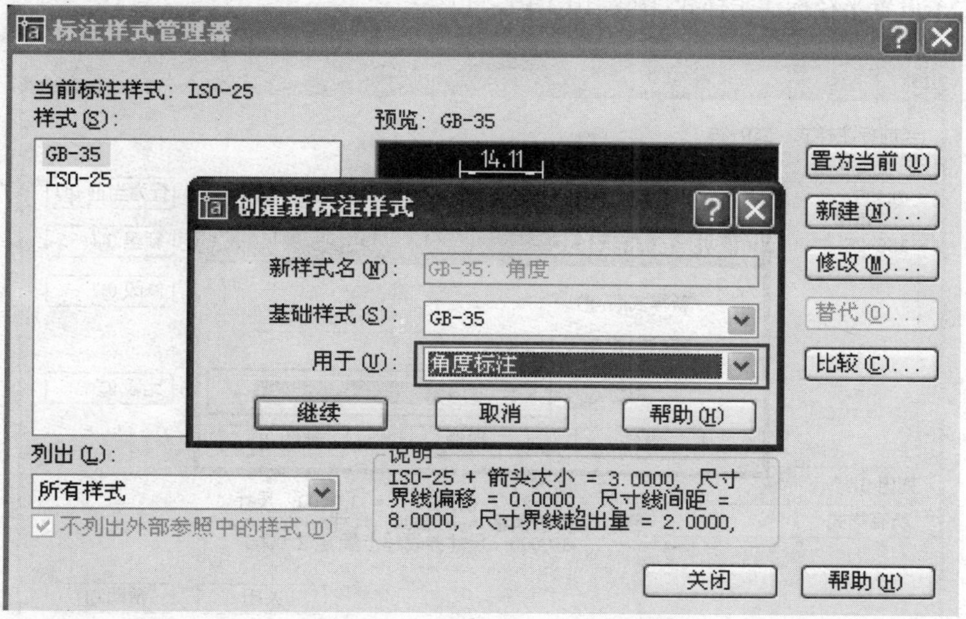
标注样式管理器
当前标注样式：ISO-25
样式(S)：
GB-35
ISO-25
预览：GB-35
14.11
置为当前(U)
新建(N)...
修改(M)...
替代(O)...
比较(C)...
创建新标注样式
新样式名(N)：
GB-35：角度
基础样式(S)：
GB-35
用于(U)：
角度标注
继续
取消
帮助(H)
列出(L)：
所有样式
不列出外部参照中的样式(D)
说明
ISO-25 + 箭头大小 = 3.0000，尺寸界线偏移 = 0.0000，尺寸线间距 = 8.0000，尺寸界线超出量 = 2.0000，
关闭
帮助(H)

图 7.8

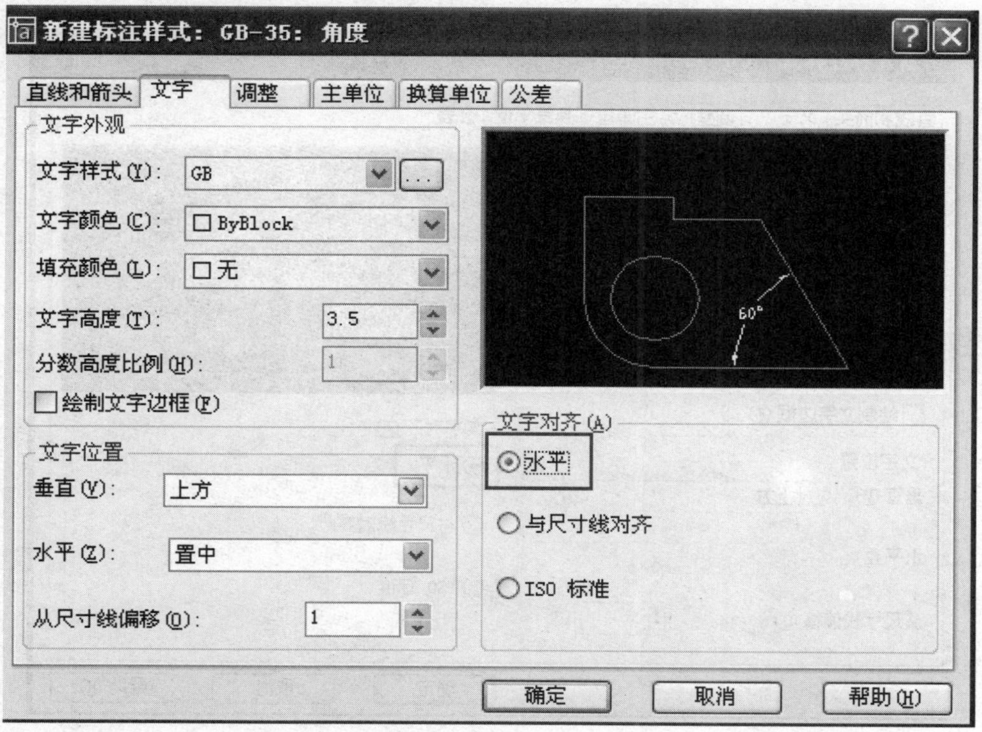
新建标注样式：GB-35：角度
直线和箭头
文字
调整
主单位
换算单位
公差
文字外观
文字样式(Y)：
GB
文字颜色(C)：
ByBlock
填充颜色(L)：
无
文字高度(T)：
3.5
分数高度比例(H)：
1
绘制文字边框(F)
60°
文字位置
垂直(V)：
上方
水平(Z)：
置中
从尺寸线偏移(O)：
1
文字对齐(A)
水平
与尺寸线对齐
ISO 标准
确定
取消
帮助(H)

图 7.9

(3) 设置半径标注子样式(图 7.10、图 7.11)。

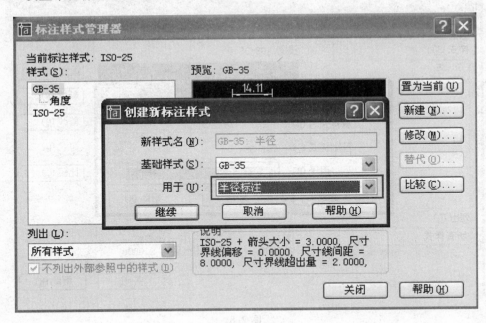

图 7.10

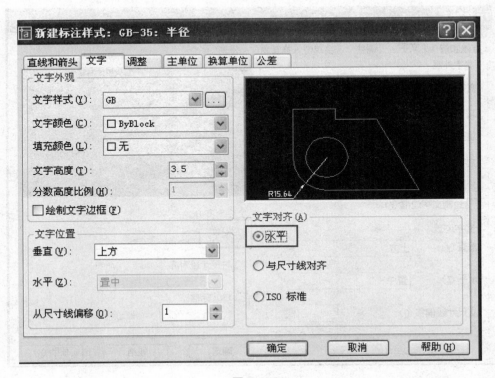

图 7.11

（4）设置直径标注子样式与设置半径标注子样式类似。

显示标注工具栏(图 7.12)。

图 7.12

3. 尺寸标注

1) 线性尺寸标注

单击"标注"工具条中的线性标注按钮。

命令：_dimlinear

指定第一条尺寸线起点或＜选择对象＞：(单击尺寸 50 的直线的一个端点)

指定第二条尺寸线起点：(单击尺寸 50 的直线的另一个端点)

指定尺寸线位置或[多行文字(M)/文字(T)/角度 A/水平(H)/垂直(V)/旋转(R)]：(单击尺寸摆放位置)

标注文字＝50

如图 7.13 所示,其他线性标注同理。

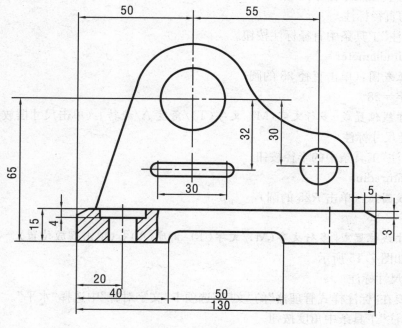

图 7.13

2) 标注直径尺寸

（1）沉孔的直径尺寸采用线性尺寸进行标注

单击"标注"工具条中的线性标注按钮。

命令：_dimlinear

指定第一条尺寸界限原点或＜选择对象＞：(单击沉孔的一侧)

指定第二条尺寸界限原点：(单击另一侧)

指定尺寸线位置或[多行文字(M)/文字(T)/角度 A/水平(H)/垂直(V)/旋转(R)]：M↙(输入多行文字)

在编辑文字对话框中输入：%%C<>

指定尺寸线位置或[多行文字(M)/文字(T)/角度(A)/水平(H)/垂直(V)/旋转(R)]：(单击确定,单击摆放位置)

如图 7.14 所示。

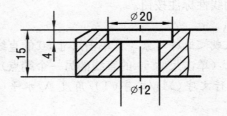

图 7.14

其他线性直径尺寸标注同理。

(2) 孔的直径标注

单击"标注"工具条中直径标注按钮。

命令：_dimdiameter

选择圆弧或圆：(单击直径 28 的圆)

标注文字＝28

指定尺寸线位置或[多行文字(M)/文字(T)/角度 A/旋转]：(单击尺寸摆放位置)

(3) 半径尺寸标注

单击"标注"工具条中的半径按钮。

命令：_dimradius

选择圆或圆弧：(单击 R25 的圆)

标注文字＝25

指定尺寸线位置或[多行文字(M)/文字(T)/角度(A)]：(单击摆放位置)

标注后如图 7.15 所示。

3) 角度尺寸标注

标注时要在"标注样式管理器"的"文字"选项卡"文字对齐"中选择"水平"。

单击"标注"工具条中角度按钮。

命令：_dimangular

选择圆弧、圆、直线或＜指定顶点＞：(选择水平线)

选择第二条直线：(选择另一条边)

指定标注弧线位置或[多行文字(M)/文字(T)/角度 A]：(单击摆放位置)

标注文字＝72°

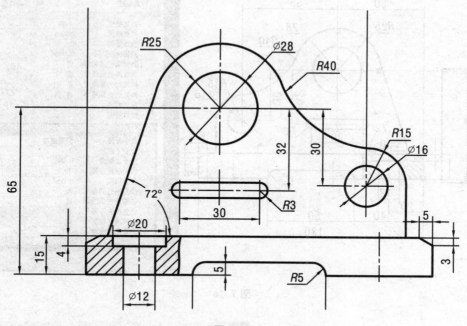

图 7.15

4）带公差 GB 标注样式标注

（1）极限偏差标注样式

· 双击要标注尺寸公差的尺寸 65,弹出对象特性对话框,如图 7.16 所示。拉动左边的滑块,找到公差选项卡,修改如图 7.16 所示,按两次 Esc 键退出尺寸编辑。

设置尺寸的上、下偏差应注意:

AutoCAD 默认上偏差为正,下偏差为负。若要标注的上偏差为正值时,无需加任何符号,若要标注负值,则在输入数值时在数值前加负号。若要标注的下偏差为负值,则数值前无需加负号,若要标注为正值,则在输入数值时在数值前加负号。

极限偏差文字高度为 0.7。

· 双击要标注尺寸公差的直径 28,弹出对象特性对话框,如图 7.17 所示。拉动左边的滑块,找到公差选项卡,修改如图 7.17 所示,按两次 Esc 键退出尺寸编辑。

（2）对称偏差标注样式的设置

· 双击要编辑的尺寸 50,弹出特性对话框,修改如图 7.18 所示。

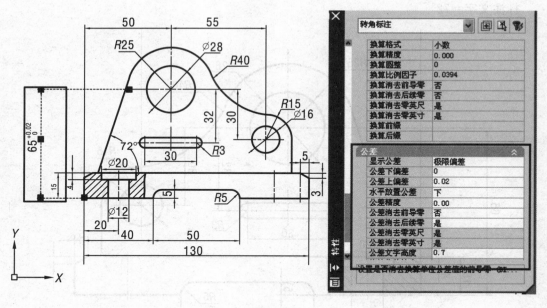

图 7.16

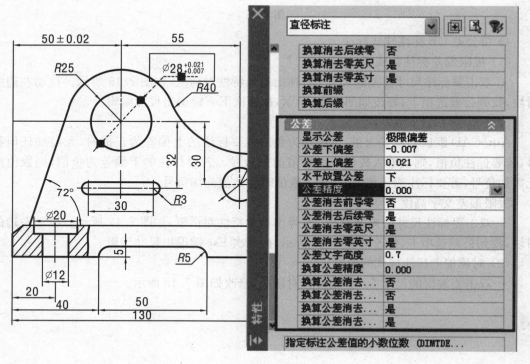

图 7.17

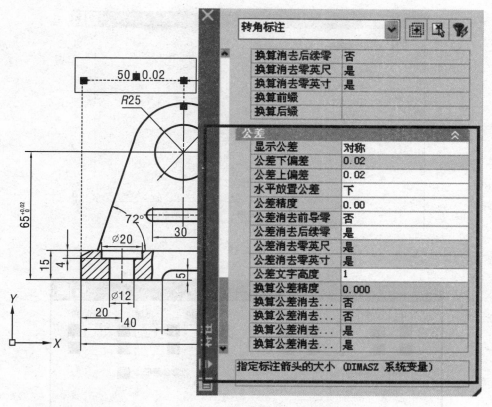

图 7.18

4. 形位公差的标注

下拉菜单:【标注】→【引线】

工具栏:【标注】→【引线】

命令:_qleader

指定第一个引线点或[设置(S)]<设置>:s↙

弹出引线设置对话框如图 7.19 所示,选择公差单选项,单击确定,回车。

命令:_qleader

指定第一个引线点或[设置(S)]<设置>:(单击引线标注的第一点)

指定下一点:<正交开>(单击第二点)

指定下一点:(单击第 3 点)

指定位置标注引线后,在弹出"公差"的对话框如图 7.20 所示,按图进行设置。

单击符号栏出现图 7.21。

选择平行度符号,并输入公差 0.01(图 7.22)。

在基准 1 中用键盘输入 A(图 7.23)。

标注后如图 7.1 所示。

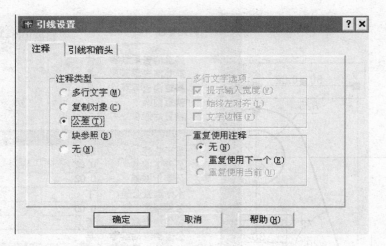

图 7. 19

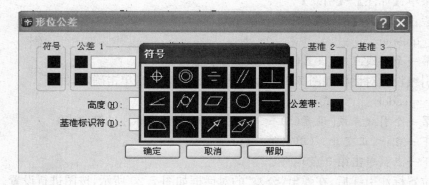

图 7. 20

图 7. 21

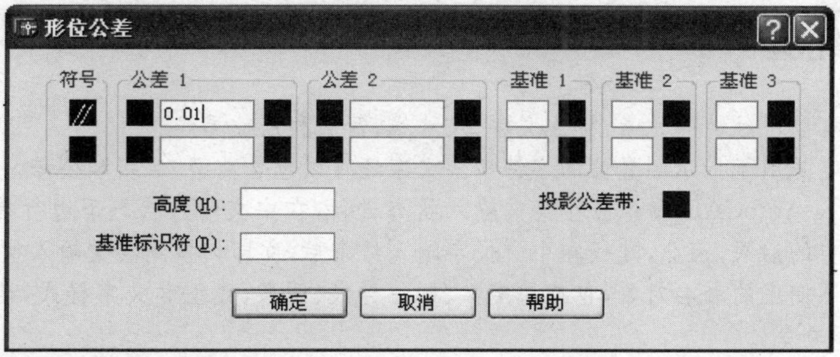

图 7.22

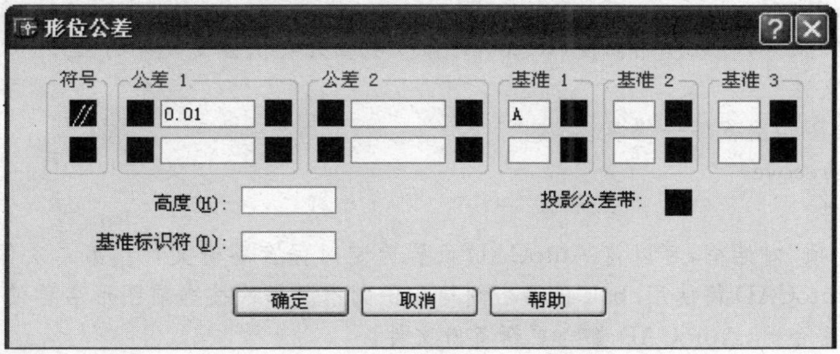

图 7.23

5. 标注基准代号

（1）制作基准代号图形；

（2）用实训 5 定义块的方法定义基准代号块；

（3）插入基准代号块，如图 7.24 所示。

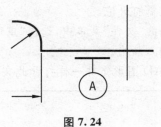

图 7.24

知识与经验

★ 标注具有以下独特的元素：标注文字、尺寸线、箭头和尺寸界线。

★ 标注文字是用于指示测量值的字符串。文字还可以包含前缀、后缀和公差。

★ 键盘输入 AutoCAD 命令应在英文输入状态进行，在中文输入状态下进行有可能产生无法预料的后果，因此，建议在中文文字输入结束后，立即切换到英文输入状态。

★ 要删除不使用的命名对象，包括块定义、标注样式、图层、线型和文字样式，请使用清理（Purge）命令。

位置："文件"

菜单：绘图实用程序→清理

命令行：purge

★ 图形文件损坏，可以使用修复（Recover）命令核查并尝试修复损坏的图形。

位置："文件"

菜单：绘图实用程序→修复

命令行：recover

★ 备份文件

使用"选项"对话框，可以将 AutoCAD 设置为定时保存备份文件。第二次保存命名图形时，AutoCAD 将使用.bak 扩展名创建备份副本。每次按当前图形名称使用 Save 或 Saveas 命令时，AutoCAD 都会更新备份文件。

如果程序异常终止，AutoCAD 将对当前备份文件进行重命名，防止替换以前的备份文件。如果文件名不存在，AutoCAD 将使用文件扩展名.bk1。如果文件名已存在，AutoCAD 将按从.bk2 至.bk9 和从.bka 至.bkz 的顺序生成新的文件扩展名。使用扩展名.dwg 重命名.bak 文件可以恢复备份副本，最好将其复制到另一个文件夹中，以免覆盖原始文件。

从备份文件恢复图形的步骤：

(1) 在 Windows 资源管理器中找到带有文件扩展名.bak 的备份文件。

(2) 选择要重命名的文件，无需打开它。

(3) 在 Windows 资源管理器的"文件"菜单中，选择"重命名"。

(4) 使用.dwg 文件扩展名输入新名。

(5) 像打开任何其他 AutoCAD 图形文件一样打开此文件。

实训 8   图形打印及数据交换

◆ **目的和要求**

（1）熟练掌握 ACAD 页面设置管理器的使用；
（2）掌握模型空间的图形打印设置与打印；
（3）掌握布局空间的图形输出基础；
（4）掌握电子打印输出；
（5）了解图形文件的交换；
（6）打印图 8.1 所示图形。

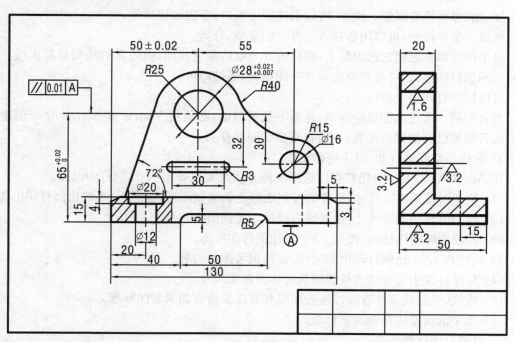

图 8.1

◆ **上机准备**

·复习有关图形打印内容；

·准备需要打印图纸(A4 或 A3)的电子文档；

·熟悉模型空间和图纸空间的概念，设置打印比例。

1) 模型空间

一般情况下，绝大部分的绘图工作都在模型空间中完成，例如建立二维和三维模型。在模型空间中，可以不受限制地按照物体的实际尺寸绘制图形。

模型空间可以对一个空间物体从不同的角度去观察和构造，其观察是全方位的，这种全方位的观察可能是操作者围绕着物体旋转(设置不同的视点)，也可能是物体在操作者的眼前转动(设置 Ucsplan 观察平面)。

为了便于控制图形，在模型空间中可以建立多个平铺视口，它们不能重叠，总是彼此相邻，例如建立 4 个视口，用分别显示三视图和透视图的方式来观察一个图形对象。

2) 图纸空间

布局是一种图纸空间环境，它模拟所显示的图纸页面，提供直观的打印设置，主要用来控制图形的输出。

在图纸空间中可以创建并放置浮动视口，可以添加标题栏或其他几何图形。另外，还可以在图形中创建多个布局以显示不同视图，每个布局可以包含不同的打印比例和图纸尺寸。

视口的边界是实体。可以删除、移动、缩放、拉伸视口。

视口的形状没有限制。例如：可以创建圆形视口、多边形视口等。

视口不是平铺的，可以用各种方法将它们重叠、分离。

每个视口都在创建它的图层上，视口边界与层的颜色相同，但边界的线型总是实线。出图时如不想打印视口，可将其单独置于一图层上，冻结即可。

可以同时打印多个视口。

当我们第一次进入图纸空间时，是看不见视口的，必须用 Vports 或 Mview 命令创建新视口或者恢复已有的视口配置(一般在模型空间保存)。

3) 在模型空间进行非 1∶1 打印出图

在 AutoCAD200 * 中，用户可以选择 3 种方法来实现非 1∶1 比例打印出图。

(1) 绘图时使用实际尺寸，打印前按照图形比例缩放图形，按照 1∶1 的比例打印出图。

(2) 绘图时使用实际尺寸，设置适当的打印比例出图。

(3) 在绘图时使用比例，按照 1∶1 的比例打印出图。

4) 执行非 1∶1 比例打印出图时，需要特别考虑的问题

(1) 尺寸标注中尺寸的测量值应是物体的真实尺寸。

(2) 虚线、点划线等非连续线型的间隔和宽度要符合国家制图标准。

(3) 文字的高度应符合国家标准。

5) 设置打印比例的方式

(1) 使用真实尺寸创建图形，使用带有标注全局比例的标注样式创建尺寸标注，按照国标规定高度的一定倍数创建文字，将线性比例按照出图比例扩大一定倍数，以及按照规定的出图比例打印出图。

(2) 线型比例按照出图比例扩大一定倍数，这样在按照出图比例打印输出时，就能够得到符合间距要求的线型，可以使用 Ltscale 命令来完成操作。

（3）与线型比例的设置类似，文字高度也应扩大一定倍数。

6）在图纸空间进行非 1：1 比例打印出图

创建图形对象在模型空间完成，文字和尺寸标注以及其他设置工作在图纸空间完成。

◆ **上机操作**

1. 在模型空间用窗口确定打印范围，直接出图

1）打开页面管理器

单击下拉菜单："文件"→"页面设置管理器"，如图 8.2 所示。

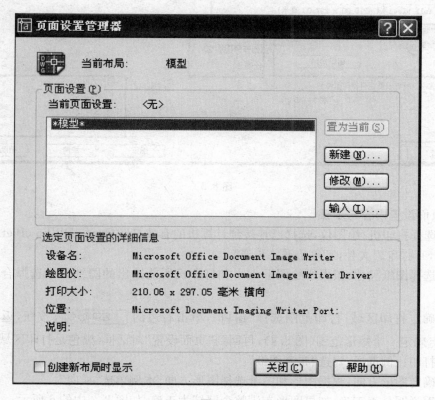

图 8.2

2）单击"修改"按钮（也可新建页面）

弹出"页面设置"对话框，如图 8.3 所示。

图 8.3

3) 页面设置内容与步骤

(1) 选择打印机/绘图仪,选择已连接到计算机的有效打印机(注:DWF6 ePlet.pc3 是电子打印机,可打印到文件,可用于网络传递)。

(2) 选择图纸尺寸:根据所绘图形大小和打印机所能输出的图纸大小选择合适的图纸如 A4。

(3) 确定打印区域:打印范围选择"窗口",单击右边的 窗口(O)< 按钮,返回模型空间,用两点确定一个矩形范围(图 8.4),再回到"页面设置"对话框(黑色是打印区域)。

(4) 打印比例选择:勾选"布满图纸"。

(5) 确定图形方向:根据图形和图纸选择图形方向,本例单选"横向"。

(6) 看说明是否正确,如果图形布满整个区域为正确,如图 8.3 中的 6 所示。

(7) 选择"打印样式表":选择 monochrome.ctb 打印样式表,可将图形中所有颜色的图线打印成黑色,以免不同颜色的图线打印成浓淡不一的灰色线。单击 可打开打印样式管理器。可查看打印样式,如图 8.5 所示。

(8) 单击:"预览"按钮,预览打印是否正确。预览为所见即所得,如图 8.6 所示。

如果预览正确,在打印区域内单击鼠标右键,选择退出打印预览。回到页面设置对话框,单击确定,退出页面设置。再单击确定,退出页面设置管理器。

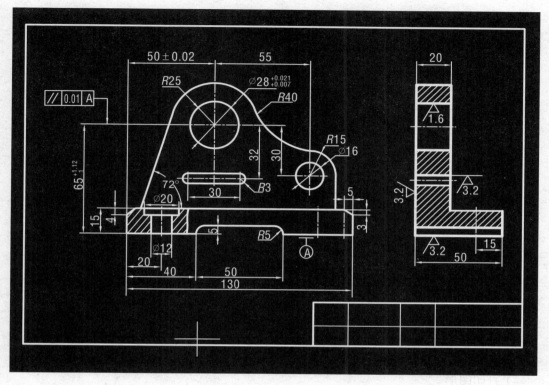

图 8.4

图 8.5

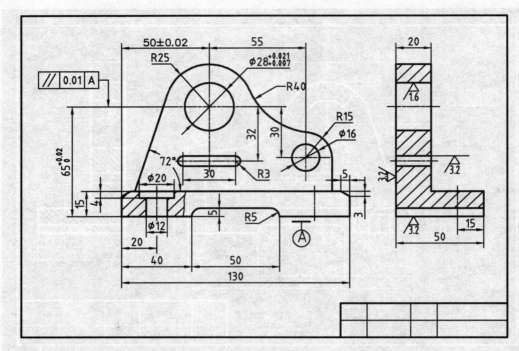

图 8.6

4）打印图形

菜单命令：【文件】→【打印】

或命令行：Plot（打印）

弹出"打印"对话框，"打印"对话框与"页面设置"对话框相似（图 8.7）。

在"打印"对话框中还可以对打印进行设置，此处设置只能用于本次打印，不能保存。

如果是纸质打印输出，可设置"打印份数"，单击"确定"，则打印机开始工作，输出一张如预览一样的图纸。

如果是电子打印，则"打印份数"不可设置，单击"确定"，则弹出"文件保存"对话框。输入保存文件名，单击确定，可输出并保存电子图纸。

2. 布局空间出图

AutoCAD 图纸按比例输出的详细步骤（布局空间按比例出图）：

（1）进入布局：单击绘图窗口下的"布局"标签，进入布局空间。

（2）页面设置，设置打印图纸尺寸和布局打印比例：在"布局"标签上单击鼠标右键，在弹出的快捷菜单中选择"页面设置管理器"，在弹出对话框中单击"修改"按钮，在页面设置对话框中确定打印设备，修改打印图纸尺寸和布局打印比例（一般为 1∶1）等。

（3）设置视口：根据需要设置浮动视口（可以设置多个浮动视口，浮动视口可以重叠）。

（4）调出"视图"工具栏：在菜单栏里点击视图/工具栏，弹出"自定义"对话框，找到"视口"点选上，然后桌面上就会多出一个"视口"工具栏。

（5）在布局的视口中由图纸空间进入模型空间：单击状态栏上的按钮"图纸"使其显示

为"模型"(或在布局中双击视口的中间)。这时你就会发现,视口的边框变为粗实线。

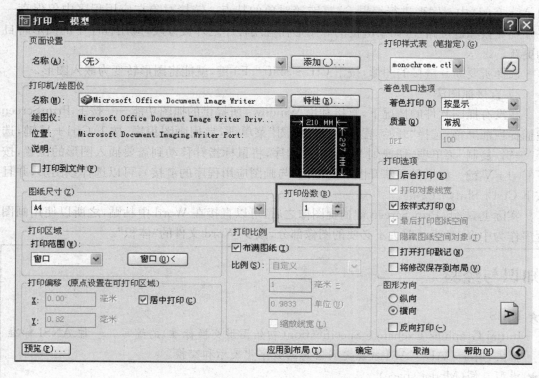

图 8.7

(6) 修改图形显示比例:在"视口"工具栏上的小窗口中输入图形显示比例数,比如 1∶2 就是 0.5,或者直接输入 1∶2 也可以。

(7) 布置图形:按住并移动鼠标来平移图形,使其在"图纸"上的位置合适。

(8) 返回图纸空间:单击状态栏上的按钮"模型",使其显示为"图纸",此时,视口的边框变回细实线。

(9) 锁住视口(防止以后不小心双击视口,拖动鼠标,造成比例失调或移动):选中视口边框,单击鼠标右键,在弹出的快捷菜单中单击"显示锁定",选择"是"。

(10) 再次进入页面设置,设置打印样式表和打印范围等。

(11) 检查、修改、打印预览、打印出图。

3. 数据及文件交换

在 Word 中使用 AutoCAD 的图形。

1) 使用 OLE 技术

剪贴板法,包括直接抓图法和抓图软件法。

在 AutoCAD 图形窗口中选择所要在 Word 文档中显示的图形对象,选择"编辑→复制"菜单项,或者直接按下 Ctrl+C 键。

进入 Word 应用程序,将鼠标指针移动到需要插入图形的位置,按下 Ctrl+V 键。在

Word 中插入的图形上右击,从弹出的快捷菜单中选择"Drawing 对象/Edit"菜单项,就能返回 AutoCAD 中对图形进行编辑,这是链接对象的特点。链接对象在应用程序中仅保存一些外观参数和链接路径,如果链接的源图形在应用程序之外被修改,应用程序中的图形将自动更新。

选择所要断开链接的图形,按下 Ctrl+Shift+F9 键,就能将图形转变为嵌入图形。

2) 直接抓图法

在没有抓图软件的情况下,直接利用 Windows 所提供的抓图功能——按下 PrintScreen 键捕捉当前屏幕;选择"开始/程序/附件/画图"菜单项,启用画图程序,按下 Ctrl+V 键,选择"编辑/复制"菜单项,切换到 Word 应用程序,将鼠标指针移动到需要插入图形的位置,按下 Ctrl+V 键。如果需要断开图形的链接(与画图应用程序的链接),可以选择该图形,并且按下 Ctrl+Shift+F9 键。

实际上,按下 PrintScreen 键捕捉图像之后,可以直接在 Word 中粘贴,之所以使用画图程序作为中介,是为了剪去不必要的图像部分,减少 Word 文件的"体积"。

知识与经验

★ IGES

Initial Graphics Exchange Specification(初始图形交换标准)的缩写。一种 ANSI 标准格式,用于 CAD/CAM 系统之间信息的数字化表示和交换。

★ 模型空间(Model space)

放置 AutoCAD 对象的两个主要空间之一。典型情况下,几何模型放置在称为模型空间的三维坐标空间中,而此模型特定视图和注释的最终布局则位于图纸空间。

★ 图纸空间(Paper space)

放置 AutoCAD 对象的两个主要空间之一。图纸空间用于创建要打印的已完成布局,而不用于绘图或设计工作。可以使用布局选项卡设计图纸空间视口。模型空间用于创建图形。可以使用"模型"选项卡设计模型。

★ CAD 打印样式只能用 stb 和 ctb 中的一种

两者作用是不一样的,并且不能同时使用。

根据需要,用命令"convertpstyles"命令切换。

特别提示:图层 Defpoints 是在标注尺寸或进行查询时系统自动生成的,用来放置定义点的图层,是不打印层,如果有不需要打印的对象(如视口)可放在该图层上,需要打印的对象千万不能放在该图层上,否则,将不能正确出图。

★ 外来图纸打开后字体不能正确显示的解决办法

(1) 打开文件,系统询问时,选择替代字体 gbcbig. shx。此法是权宜之计,每次打开文件都要做。

（2）打开文件后修改包含不能正确显示（如 hztxt. shx）的文字样式，将该文字样式中的 hztxt. shx 字体换成 gbcbig. shx，保存一次。此法是改造外来文件，让外来文件适应自己的系统。

（3）将 CAD 安装目录中的 gbcbig. shx 复制到别的地方，改名为 hztxt. shx 后再复制到 CAD 字体目录中（或在网上下载所需字体复制到相应目录）。此法是让系统创造条件适应外来文件。

（2）能对文件和文件夹进行复制（copy）、粘贴（paste）、更名（rename）、删除（del）和删除文件 hard、copy、gb.bhp、llia、体字……逐步发展到了 cad 原来 CAD 应用目

附录 1　制图员国家职业标准

1. 职业概况

1.1　职业名称

制图员。

1.2　职业定义

使用绘图仪器、设备，根据工程或产品的设计方案、草图和技术性说明，绘制其正图（原图）、底图及其他技术图样的人员。

1.3　职业等级

本职业共设 4 个等级，分别为：初级（国家职业资格五级）、中级（国家职业资格四级）、高级（国家职业资格三级）、技师（国家职业资格二级）。

1.4　职业环境

室内，常温。

1.5　职业能力特征

具有一定的空间想象、语言表达、计算能力；手指灵活、色觉正常。

1.6　基本文化程度

高中毕业（或同等学力）。

1.7　培训要求

1.7.1　培训期限

全日制职业学校教育，根据其培养目标和教育计划确定。晋级培训期限：初级不少于 200 标准学时，中级不少于 350 标准学时，高级不少于 500 标准学时，技师不少于 800 标准学时。

1.7.2　培训教师

培训初级制图员的教师应具有本职业高级以上职业资格证书；培训中、高级制图员的教

师应具有本职业技师职业资格证书或相关专业中级以上专业技术职务任职资格；培训技师的教师应具备本职业技师职业资格证书 3 年以上或相关专业高级专业技术职务任职资格。

1.7.3　培训场地设备

采光、照明良好的教室；绘图工具、设备及计算机。

1.8　鉴定要求

1.8.1　适用对象

从事或准备从事本职业的人员。

1.8.2　申报条件

——初级（具备以下条件之一者）

（1）经本职业初级正规培训达规定标准学时数，并取得毕(结)业证书。

（2）在本职业连续见习工作 2 年以上。

（3）本职业学徒期满。

——中级（具备以下条件之一者）

（1）取得本职业初级职业资格证书后，连续从事本职业工作 2 年以上，经本职业中级正规培训达规定标准学时数，并取得毕(结)业证书。

（2）取得本职业初级职业资格证书后，连续从事本职业工作 3 年以上。

（3）连续从事本职业工作 5 年以上。

（4）取得经劳动保障行政部门审核认定的、以中级技能为培养目标的中等以上职业学校本职业(专业)毕业证书。

——高级（具备以下条件之一者）

（1）取得本职业中级职业资格证书后，连续从事本职业工作 2 年以上，经本职业高级正规培训达规定标准学时数，并取得毕(结)业证书。

（2）取得本职业中级职业资格证书后，连续从事本职业工作 3 年以上。

（3）取得高级技工学校或经劳动保障行政部门审核认定的、以高级技能为培养目标的高级职业技术学校本职业(专业)毕业证书。

（4）取得本职业中级职业资格证书的大专以上本专业或相关专业毕业生，连续从事本职业工作 2 年以上。

——技师（具备以下条件之一者）

（1）取得本职业高级职业资格证书后，连续从事本职业工作 3 年以上，经本职业技师正规培训达规定标准学时数，并取得毕(结)业证书。

（2）取得本职业高级职业资格证书后，连续从事本职业工作 5 年以上。

（3）取得本职业高级职业资格证书的高级技工学校本职业(专业)毕业生，连续从事本职业工作 2 年以上。

1.8.3　鉴定方式

分为理论知识考试和技能操作考核。理论知识考试采用闭卷笔试方式，技能操作考核采用现场实际操作方式。理论知识考试和技能操作考核均实行百分制，成绩皆达 60 分以上者为合格。技师还须进行综合评审。

1.8.4　考评人员与考生配比

理论知识考试考评人员与考生配比为 1∶15,每个标准教室不少于 2 名考评人员;技能操作考核考评员与考生配比为 1∶5,且不少于 3 名考评员。

1.8.5　鉴定时间

理论知识考试时间为 120 分钟;技能操作考核时间为 180 分钟。

1.8.6　鉴定场所设备

理论知识考试:采光、照明良好的教室。

技能操作考核:计算机、绘图软件及图形输出设备。

2. 基本要求

2.1　职业道德

2.1.1　职业道德基本知识
2.1.2　职业守则

(1) 忠于职守,爱岗敬业。

(2) 讲究质量,注重信誉。

(3) 积极进取,团结协作。

(4) 遵纪守法,讲究公德。

2.2　基础知识

2.2.1　制图的基本知识

(1) 国家标准制图的基本知识。

(2) 绘图仪器及工具的使用与维护知识。

2.2.3　计算机绘图的基本知识

(1) 计算机绘图系统硬件的构成原理。

(2) 计算机绘图软件类型。

2.2.4　专业图样的基础知识
2.2.5　相关法律、法规知识

(1) 劳动法的相关知识。

(2) 技术制图的标准。

3. 工作要求

本标准对初级、中级、高级和技师的技能要求依次递进,高级别包括低级别的要求(本书只用于高级工及以下制图员考证培训,所以对技师的要求未列出)。

初　级

职业功能	工作内容	技能要求	相关知识
绘制二维图	描图	能描绘墨线图	描图的知识
	手工绘图（可根据申报专业任选一种）	机械图： 1. 能绘制螺纹连接的装配图 2. 能绘制和阅读支架类零件图 3. 能绘制和阅读箱体类零件图	1. 几何绘图知识 2. 三视图投影知识 3. 绘制视图、剖视图、断面图的知识 4. 尺寸标注的知识 5. 专业图的知识
		土建图： 1. 能识别常用建筑构、配件的代（符）号 2. 能绘制和阅读楼房的建筑施工图	1. 几何绘图知识 2. 三视图投影知识 3. 绘制视图、剖视图、断面图的知识 4. 尺寸标注的知识 5. 专业图的知识
	计算机绘图	1. 能使用一种软件绘制简单的二维图形并标注尺寸 2. 能使用打印机或绘图机输出图纸	1. 调出图框、标题栏的知识 2. 绘制直线、曲线的知识 3. 曲线编辑的知识 4. 文字标注的知识
绘制三维图	描图	能描绘正等轴测图	绘制正等轴测图的基本知识
图档管理	图纸折叠	能按要求折叠图纸	折叠图纸的要求
	图纸装订	能按要求将图纸装订成册	装订图纸的要求

中　级

职业功能	工作内容	技能要求	相关知识
绘制二维图	手工绘图（可根据申报专业任选一种）	机械图： 1. 能绘制螺纹连接的装配图 2. 能绘制和阅读支架类零件图 3. 能绘制和阅读箱体类零件图 土建图： 1. 能识别常用建筑构、配件的代（符）号 2. 能绘制和阅读楼房的建筑施工图	1. 截交线的绘图知识 2. 绘制相贯线的知识 3. 一次变换投影面的知识 4. 组合体的知识
	计算机绘图	能绘制简单的二维专业图形	1. 图层设置的知识 2. 工程标注的知识 3. 调用图符的知识 4. 属性查询的知识

续表

职业功能	工作内容	技能要求	相关知识
绘制三维图	描图	1. 能够绘制斜二测图 2. 能够绘制正二测图	1. 绘制斜二测图的知识 2. 绘制正二测图的知识
	手工绘制轴测图	1. 能绘制正等轴测图 2. 能绘制正等轴测剖视图	1. 绘制正等轴测图的知识 2. 绘制正等轴测剖视图的知识
图档管理	软件管理	能使用软件对成套图纸进行管理	管理软件的使用知识

高　　级

职业功能	工作内容	技能要求	相关知识
绘制二维图	手工绘图（可根据申报专业任选一种）	机械图： 1. 能绘制各种标准件和常用件 2. 能绘制和阅读不少于 15 个零件的装配图 土建图： 1. 能绘制钢筋混凝土结构图 2. 能绘制钢结构图	1. 变换投影面的知识 2. 绘制两回转体轴线垂直交叉相贯线的知识
	手工绘制草图	机械图： 能绘制箱体类零件草图 土建图： 1. 能绘制单层房屋的建筑施工草图 2. 能绘制简单效果图	1. 测量工具的使用知识 2. 绘制专业示意图的知识
	计算机绘图（可根据申报专业任选一种）	机械图： 1. 能根据零件图绘制装配图 2. 能根据装配图绘制零件图 土建图： 能绘制房屋建筑施工图	1. 图块制作和调用的知识 2. 图库的使用知识 3. 属性修改的知识

注：本表其余部分与中级相同，可参阅上表。

4. 以下略

附录 2 制图员(机械)中级理论知识样卷

注 意 事 项

1. 考试时间:120分钟。
2. 本试卷依据2001年颁布的《制图员(机械)国家职业标准》命制。
3. 请首先按要求在试卷的标封处填写您的姓名、准考证号和所在单位的名称。
4. 请仔细阅读各种题目的回答要求,在规定的位置填写您的答案。
5. 不要在试卷上乱写乱画,不要在标封区填写无关的内容。

一、单项选择(第1题~第160题。选择一个正确的答案,将相应的字母填入题内的括号中。每题0.5分,满分80分。)

1. 道德是指人与人、个人与集体、个人与社会以及人对待自然的(　　)的总和。
   A. 法律法规   B. 行为规范
   C. 宪法   D. 人生观

2. 职业道德是指从事一定职业的人在职业实践活动中所应遵循的职业原则和规范,以及与之相应的(　　)、情操和品质。
   A. 企业标准   B. 道德观念
   C. 公司规定   D. 工作要求

3. 优良的(　　)是新时期制图员从事高标准、高效率工作的动力。
   A. 企业文化   B. 职业道德
   C. 制图软件   D. 竞争机制

4. 爱岗敬业就是要把尽心尽责做好本职工作变成一种自觉行为,具有从事制图员工作的(　　)。
   A. 职业道德   B. 自豪感和荣誉感
   C. 能力   D. 热情

5. (　　)是指一个人在政治思想、道德品质、知识技能等方面所具有的水平。
   A. 基本素质   B. 讲究公德
   C. 职业道德   D. 个人信誉

6. 下列叙述正确的是（　　）。

  A. 图框格式分为不留装订边和留有装订边两种

  B. 图框格式分为横装和竖装两种

  C. 图框格式分为有加长边和无加长边两种

  D. 图框格式分为粗实线和细实线两种

7. 关于图纸的标题栏在图框中的位置，下列叙述正确的是（　　）。

  A. 配置在任意位置　　　　　　B. 配置在右下角

  C. 配置在左下角　　　　　　　D. 配置在图中央

8. 图纸中（　　）字头向右倾斜，与水平基准线成75°角。

  A. 斜体字　　　　　　　　　　B. 直体字

  C. 汉字　　　　　　　　　　　D. 字体

9. 目前，在（　　）中仍采用 GB4457.4－84 中规定的 8 种线型。

  A. 机械图样　　　　　　　　　B. 所有图样

  C. 技术制图　　　　　　　　　D. 建筑制图

10. 点划线与虚线相交时，应使（　　）相交。

  A. 线段与线段　　　　　　　　B. 间隙与间隙

  C. 线段与间隙　　　　　　　　D. 间隙与线段

11. （　　）形式有箭头和斜线两种形式。

  A. 尺寸线终端　　　　　　　　B. 尺寸界线

  C. 尺寸线　　　　　　　　　　D. 尺寸数字

12. 尺寸线不能用其他图线代替，一般也（　　）与其他图线重合或画在其延长线上。

  A. 不得　　　　　　　　　　　B. 可以

  C. 允许　　　　　　　　　　　D. 必须

13. 图样中尺寸数字不可被任何图线所通过，当不可避免时，必须把（　　）断开。

  A. 尺寸线　　　　　　　　　　B. 尺寸界线

  C. 图线　　　　　　　　　　　D. 数字

14. 标注圆的直径尺寸时，一般尺寸线应通过圆心，（　　）指到圆弧上。

  A. 尺寸线　　　　　　　　　　B. 尺寸界线

  C. 尺寸数字　　　　　　　　　D. 尺寸箭头

15. 标注角度尺寸时，尺寸数字一律水平写，尺寸界线沿径向引出，（　　）画成圆弧，圆心是角的顶点。

  A. 尺寸线　　　　　　　　　　B. 尺寸界线

  C. 尺寸线及其终端　　　　　　D. 尺寸数字

16. 画图时，铅笔在前后方向应与纸面垂直，而且向画线（　　）方向倾斜约30°。

  A. 前进　　　　　　　　　　　B. 后退

  C. 相反　　　　　　　　　　　D. 前后

17. (　　　)分为正投影法和斜投影法两种。
    A. 平行投影法　　　　　　　　　B. 中心投影法
    C. 投影面法　　　　　　　　　　D. 辅助投影法

18. 平行投影法的(　　　)位于无限远处。
    A. 投影面　　　　　　　　　　　B. 投射中心
    C. 投射线　　　　　　　　　　　D. 投影物体

19. 投射线与投影面(　　　)得到的投影称为斜投影。
    A. 倾斜　　　　　　　　　　　　B. 垂直
    C. 平行　　　　　　　　　　　　D. 汇交

20. (　　　)不属于典型的微型计算机绘图系统的组成部分。
    A. 程序输入设备　　　　　　　　B. 图形输入设备
    C. 图形输出设备　　　　　　　　D. 主机

21. 目前比较流行的我国自行设计的计算机绘图软件有(　　　)。
    A. AutoCAD、Word、CAXA 电子图板
    B. KMCAD、MDT、CAXA 电子图板
    C. KMCAD、QHCAD、CAXA 电子图板
    D. AutoCAD、MDT、CAXA 电子图板

22. 一张完整的零件图应包括视图、尺寸、技术要求和(　　　)。
    A. 细目栏　　　　　　　　　　　B. 标题栏
    C. 列表栏　　　　　　　　　　　D. 项目栏

23. 在机器或部件设计过程中,一般先画出装配图,然后再拆画零件图,零件加工后,再根据
    (　　　)进行装配、安装、检验。
    A. 主视图　　　　　　　　　　　B. 示意图
    C. 零件图　　　　　　　　　　　D. 装配图

24. 点的正面投影与水平投影的连线垂直于(　　　)轴。
    A. Y　　　　　　　　　　　　　B. X
    C. Z　　　　　　　　　　　　　D. W

25. A、B、C……点的(　　　)投影用 a'、b'、c'……表示。
    A. 侧面　　　　　　　　　　　　B. 水平
    C. 正面　　　　　　　　　　　　D. 右面

26. 点的正面投影,反映(　　　)、z 坐标。
    A. o　　　　　　　　　　　　　B. y
    C. x　　　　　　　　　　　　　D. z

27. 点的水平投影反映 x、(　　　)坐标。
    A. x　　　　　　　　　　　　　B. y
    C. z　　　　　　　　　　　　　D. oz

28. 空间直线与投影面的相对位置关系有一般位置直线、投影面垂直线和投影面（　　　）。
    A. 倾斜线　　　　　　　　　　　　B. 平行线
    C. 正垂线　　　　　　　　　　　　D. 水平线

29. 投影面平行线平行于（　　　）投影面。
    A. 二个　　　　　　　　　　　　　B. 一个
    C. 三个　　　　　　　　　　　　　D. 四个

30. 垂直于一个投影面的直线称为投影面（　　　）。
    A. 倾斜线　　　　　　　　　　　　B. 垂直线
    C. 平行线　　　　　　　　　　　　D. 相交线

31. 一般位置直线（　　　）于三个投影面。
    A. 垂直　　　　　　　　　　　　　B. 倾斜
    C. 平行　　　　　　　　　　　　　D. 包含

32. 平行于一个投影面的平面称为投影面（　　　）。
    A. 垂直面　　　　　　　　　　　　B. 正平面
    C. 平行面　　　　　　　　　　　　D. 侧平面

33. 投影面垂直面同时倾斜于（　　　）投影面。
    A. 二个　　　　　　　　　　　　　B. 一个
    C. 三个　　　　　　　　　　　　　D. 四个

34. 投影面的（　　　）同时倾斜于三个投影面。
    A. 平行面　　　　　　　　　　　　B. 一般位置平面
    C. 垂直面　　　　　　　　　　　　D. 正垂面

35. 投影变换中，新设置的投影面必须垂直于（　　　）体系中的一个投影面。
    A. 正投影面　　　　　　　　　　　B. 原投影面
    C. 新投影面　　　　　　　　　　　D. 侧投影面

36. 点的投影变换中，新投影到新坐标轴的距离等于旧投影到（　　　）的距离。
    A. 旧坐标轴　　　　　　　　　　　B. 新坐标轴
    C. 新坐标　　　　　　　　　　　　D. 旧坐标

37. 直线的投影变换中，一般位置线变换为投影面（　　　）时，新投影轴的设立原则是新投影轴平行直线的投影。
    A. 垂直线　　　　　　　　　　　　B. 平行线
    C. 倾斜线　　　　　　　　　　　　D. 侧平线

38. 直线的投影变换中，平行线变换为投影面（　　　）时，新投影轴的设立原则是新投影轴垂直于反映直线实长的投影。
    A. 倾斜线　　　　　　　　　　　　B. 垂直线
    C. 一般位置线　　　　　　　　　　D. 平行线

39. 一般位置平面变换为投影面垂直面时，设立的（　　　）必须垂直于平面中的一直线。
    A. 旧投影轴　　　　　　　　　　　B. 新投影轴
    C. 新投影面　　　　　　　　　　　D. 旧投影面

40. 投影面垂直面变换为投影面(　　　)时,设立的新投影轴必须平行于平面积聚为直线的那个投影。
    A. 倾斜面　　　　　　　　　　　B. 垂直面
    C. 一般位置面　　　　　　　　　D. 平行面

41. 斜度的标注包括(　　)、斜度符号、斜度值。
    A. 指引线　　　　　　　　　　　B. 斜度
    C. 数字　　　　　　　　　　　　D. 字母

42. 锥度的标注包括指引线、(　　)、锥度值。
    A. 锥度　　　　　　　　　　　　B. 符号
    C. 锥度符号　　　　　　　　　　D. 字母

43. 圆弧连接的要点是求圆心、求(　　)、画圆弧。
    A. 切点　　　　　　　　　　　　B. 交点
    C. 圆弧　　　　　　　　　　　　D. 圆点

44. 同心圆法是已知椭长短轴作椭圆的(　　)画法。
    A. 近似　　　　　　　　　　　　B. 精确
    C. 类似　　　　　　　　　　　　D. 正确

45. 物体由前向(　　)投影,在正投影面得到的视图,称为主视图。
    A. 后　　　　　　　　　　　　　B. 右
    C. 左　　　　　　　　　　　　　D. 下

46. 平面基本体的特征是每个表面都是(　　)。
    A. 正多边形　　　　　　　　　　B. 三角形
    C. 四边形　　　　　　　　　　　D. 平面

47. 曲面基本体的特征是至少有(　　)个表面是曲面。
    A. 三　　　　　　　　　　　　　B. 二
    C. 一　　　　　　　　　　　　　D. 四

48. 截平面与立体表面的(　　)称为截交线。
    A. 交线　　　　　　　　　　　　B. 轮廓线
    C. 相贯线　　　　　　　　　　　D. 过渡线

49. 截平面与圆柱体轴线垂直时截交线的形状是(　　)。
    A. 圆　　　　　　　　　　　　　B. 矩形
    C. 椭圆　　　　　　　　　　　　D. 三角形

50. 截平面与锥轴平行时截交线的形状是(　　)。
    A. 圆　　　　　　　　　　　　　B. 矩形
    C. 椭圆　　　　　　　　　　　　D. 双曲线

51. 球体截交线的形状总是(　　)。
    A. 椭圆　　　　　　　　　　　　B. 矩形
    C. 圆　　　　　　　　　　　　　D. 三角形

52. 截平面与（　　）轴线平行时截交线的形状是矩形。
    A. 圆锥
    B. 圆柱
    C. 圆球
    D. 圆锥台

53. 截平面与圆柱轴线（　　）时截交线的形状是圆。
    A. 相交
    B. 倾斜
    C. 平行
    D. 垂直

54. 截平面与（　　）轴线倾斜时截交线的形状是椭圆。
    A. 圆球
    B. 棱柱
    C. 圆柱
    D. 棱锥

55. 平面与圆锥相交，当截交线形状为三角形时，说明截平面（　　）。
    A. 倾斜于轴线
    B. 垂直于轴线
    C. 平行于轴线
    D. 通过锥顶

56. 平面与圆锥相交，当截交线形状为圆时，说明截平面（　　）。
    A. 通过圆锥锥顶
    B. 通过圆锥轴线
    C. 平行圆锥轴线
    D. 垂直圆锥轴线

57. 平面与圆锥相交，当截交线形状为双曲线时，截平面与圆锥轴线的位置是（　　）。
    A. 平行
    B. 垂直
    C. 倾斜（角度大于半锥角）
    D. 倾斜（角度等于半锥角）

58. 两曲面立体相交，其（　　）称为相贯线。
    A. 空间曲线
    B. 平面曲线
    C. 表面交线
    D. 内部交线

59. 相贯线是两立体表面的共有线，是（　　）立体表面的共有点的集合。
    A. 一个
    B. 两个
    C. 三个
    D. 四个

60. 两直径不等的圆柱与圆锥正交时，相贯线一般是一条（　　）曲线。
    A. 非闭合的空间
    B. 封闭的空间
    C. 封闭的平面
    D. 非封闭的平面

61. 在球面上加工一个圆形通孔，当孔的轴线（　　）时，其相贯线的形状为圆。
    A. 不过球心
    B. 水平放置
    C. 偏离球心
    D. 通过球心

62. 球面与圆锥相交，当相贯线的形状为圆时，说明圆锥轴线（　　）。
    A. 通过球心
    B. 偏离球心
    C. 不过球心
    D. 铅垂放置

63. 求相贯线的基本方法是（　　）法。
    A. 辅助平面
    B. 辅助投影
    C. 辅助球面
    D. 表面曲线

64. 利用辅助平面法求两圆柱相交的相贯线时,所作辅助平面必须( )两圆柱轴线。
    A. 同时垂直　　　　　　　　　　　B. 相交于
    C. 同时平行　　　　　　　　　　　D. 同时倾斜

65. 组合体的组合形式分有( )种。
    A. 一　　　　　　　　　　　　　　B. 二
    C. 三　　　　　　　　　　　　　　D. 四

66. 组合体尺寸标注的基本要求是( )。
    A. 齐全、合理　　　　　　　　　　B. 齐全、清晰、合理
    C. 清晰、合理　　　　　　　　　　D. 齐全、清晰

67. 三视图中的线框,可以表示物体上( )的投影。
    A. 两相交曲面　　　　　　　　　　B. 两相交面
    C. 交线　　　　　　　　　　　　　D. 两相切曲面

68. 视图中的一条图线,可以是( )的投影。
    A. 长方体　　　　　　　　　　　　B. 圆锥体转向轮廓
    C. 立方体　　　　　　　　　　　　D. 圆柱体

69. 标注组合体尺寸时的基本方法是( )。
    A. 形体分解法　　　　　　　　　　B. 形体组合法
    C. 空间想象法　　　　　　　　　　D. 形体分析法和线面分析法

70. 六个基本视图的投影关系是( )视图长对正。
    A. 主、俯、后、右　　　　　　　　B. 主、俯、后、仰
    C. 主、俯、右、仰　　　　　　　　D. 主、俯、后、左

71. 六个基本视图的配置中( )在左视图的右方且高平齐。
    A. 仰视图　　　　　　　　　　　　B. 右视图
    C. 俯视图　　　　　　　　　　　　D. 后视图

72. 局部视图是( )的基本视图。
    A. 完整　　　　　　　　　　　　　B. 不完整
    C. 某一方向　　　　　　　　　　　D. 某个面

73. 机件向( )于基本投影面投影所得的视图叫斜视图。
    A. 平行　　　　　　　　　　　　　B. 不平行
    C. 不垂直　　　　　　　　　　　　D. 倾斜

74. 画斜视图时,必须在视图的上方标出视图的名称"×"("×"为大写的拉丁字母),在相应视图附近用箭头指明投影方向,并注上相同的( )。
    A. 箭头　　　　　　　　　　　　　B. 数字
    C. 字母　　　　　　　　　　　　　D. 汉字

75. 斜视图主要用来表达机件( )的实形。
    A. 倾斜部分　　　　　　　　　　　B. 一大部分
    C. 一小部分　　　　　　　　　　　D. 某一部分

76. 制图标准规定,剖视图分为( )。
    A. 全剖视图、旋转剖视图、局部剖视图
    B. 半剖视图、局部剖视图、阶梯剖视图
    C. 全剖视图、半剖视图、局部剖视图
    D. 半剖视图、局部剖视图、复合剖视图

77. 剖视图中,既有相交,又有几个平行的剖切面得到的剖视图属于( )的剖切方法。
    A. 组合　　　　　　　　　　　　B. 两相交
    C. 阶梯　　　　　　　　　　　　D. 单一

78. 在剖视图的标注中,用剖切符号表示剖切位置,用箭头表示( )。
    A. 旋转方向　　　　　　　　　　B. 视图方向
    C. 投影方向　　　　　　　　　　D. 移去方向

79. 断面图分为( )和重合断面图两种。
    A. 移出断面图　　　　　　　　　B. 平面断面图
    C. 轮廓断面图　　　　　　　　　D. 平移断面图

80. 断面图中,当剖切平面通过非圆孔,会导致出现完全分离的两个剖面时,这些结构应按( )绘制。
    A. 断面图　　　　　　　　　　　B. 外形图
    C. 剖视图　　　　　　　　　　　D. 视图

81. ( )断面图的轮廓线用细实线绘制。
    A. 重合　　　　　　　　　　　　B. 移出
    C. 中断　　　　　　　　　　　　D. 剖切

82. 计算机绘图时,设立的每一图层的层名是( )的。
    A. 唯一　　　　　　　　　　　　B. 固定
    C. 变化　　　　　　　　　　　　D. 重复

83. 在计算机绘图中,图层的状态包括,层名、( )、打开或关闭以及是否为当前层等。
    A. 线型、尺寸　　　　　　　　　B. 配置、颜色
    C. 线型、颜色　　　　　　　　　D. 设置、标注

84. 当前层就是当前正在进行操作的( )。
    A. 中心层　　　　　　　　　　　B. 虚线层
    C. 线层　　　　　　　　　　　　D. 图层

85. 下面有关另存文件的描述错误的是( )。
    A. 更换文件名再存储属于另存文件
    B. 将文件按原名在原位置存储也属于另存文件
    C. 将文件按原名在原位置存储也属于另存文件
    D. 将文件按原名在其他位置存储属于另存文件

86. 使用计算机绘制的图形,( )不能使用查询命令得到。
    A. 线段长度　　　　　　　　　　B. 图形面积
    C. 特征点坐标　　　　　　　　　D. 特征点特性

87. 常用的螺纹紧固件有螺栓、螺柱、(　　)和垫圈等。
    A. 螺钉、螺片
    B. 螺锥、螺母
    C. 螺钉、螺母
    D. 内螺、外螺

88. 装配图中当剖切平面纵剖螺栓、螺母、垫圈等(　　)时,按不剖绘制。
    A. 连接件及配合件
    B. 紧固件及标准件
    C. 紧固件及空心件
    D. 紧固件及实心件

89. 螺栓连接用于连接两零件厚度不大和需要(　　)的场合。
    A. 不常检测
    B. 经常检测
    C. 不常拆卸
    D. 经常拆卸

90. 采用比例画法时,螺栓直径为 d,螺栓头厚度为 $0.7d$,螺纹长度为 $2d$,六角头画法同(　　)。
    A. 螺栓
    B. 螺柱
    C. 螺钉
    D. 螺母

91. 采用比例画法时,六角螺母内螺纹大径为 D,六边形长边为 $2D$,倒角圆与六边形内切,螺母厚度为(　　),倒角形成的圆弧投影半径分别为 $1.5D$、D、r。
    A. $0.5D$
    B. $0.6D$
    C. $0.7D$
    D. $0.8D$

92. 采用比例画法时,螺栓直径为 d,平垫圈外径为(　　),内径为 $1.1d$,厚度为 $0.15d$。
    A. $2.0d$
    B. $2.2d$
    C. $2.5d$
    D. $3.0d$

93. 画螺柱连接装配图时,螺柱旋入机体一端的螺纹,必须画成(　　)的形式。
    A. 全部旋入螺母内
    B. 部分旋入螺母内
    C. 全部旋入螺孔内
    D. 部分旋入螺孔内

94. 叉架类零件通常由工作部分、支承部分及连接部分组成,形状比较复杂且不规则,零件上常有(　　)等。
    A. 支架结构、肋板和孔、槽
    B. 叉形结构、肋板和孔、槽
    C. 复杂结构、底板和台、坑
    D. 叉形结构、筋板和台、坑

95. 叉架类零件一般需要两个以上基本视图表达,常以工作位置为主视图,反映主要形状特征。连接部分和细部结构采用局部视图或斜视图,并用剖视图、断面图、局部放大图表达(　　)。
    A. 主要结构
    B. 局部结构
    C. 内部结构
    D. 外形结构

96. 叉架类零件尺寸基准常选择安装基面、对称平面、孔的(　　)。
    A. 内外直径面
    B. 各个轴肩面
    C. 中心线和轴线
    D. 安装面和键槽

97. 箱壳类零件主要起（　　）的作用,常有内腔、轴承孔、凸台、肋、安装板、光孔、螺纹孔等结构。

A. 包容、支承其他零件
B. 支承、传动其他零件
C. 导向、指引其他零件
D. 定位、疏导其他零件

98. 零件图上,对非加工表面的铸造圆角应画出,其圆角尺寸可（　　）。

A. 分散在技术要求中注出
B. 集中在技术要求中注出
C. 分散在各个尺寸中注出
D. 集中在各个尺寸中注出

99. 零件图中一般的退刀槽可按"槽宽×直径"或"槽宽×槽深"的形式（　　）。

A. 绘制图形
B. 标注尺寸
C. 确定比例
D. 选择方案

100. 对于零件上用钻头钻出的不通孔或阶梯孔,画图时锥角一律画成（　　）。钻孔深度是指圆柱部分的深度,不包括锥坑。

A. 90°
B. 118°
C. 120°
D. 150°

101. 标注管螺纹的代号时,不能将管螺纹的代号标注在螺纹大径的尺寸线上,而是（　　）用引出线标注。

A. 以说明的方式
B. 以绘图的方式
C. 以旁注的方式
D. 以明细的方式

102. 梯形螺纹旋合长度分为短、中、长三组,一般情况下,不标注螺纹旋合长度,其螺纹（　　）确定。

A. 按短旋合长度
B. 按长旋合长度
C. 按中等旋合长度
D. 按任意旋合长度

103. 表面粗糙度（　　）中应用最广泛的轮廓算术平均偏差用 R_a 代表。

A. 主要技术指标
B. 次要技术指标
C. 主要评定参数
D. 次要评定参数

104. 表面粗糙度代号中数字的方向必须与图中尺寸数字的方向（　　）。

A. 略左
B. 略右
C. 一致
D. 相反

105. 标注表面粗糙度时,当零件所有表面具有相同的特征时,其代号可在图样的右上角统一标注,且代号的大小应为图样上其他代号的（　　）倍。

A. 0.4
B. 1.2
C. 1.4
D. 2.4

106. 尺寸公差中的极限尺寸是指允许尺寸变动的（　　）极限值。

A. 多个
B. 一个
C. 两个
D. 所有

107. 尺寸公差中的极限偏差是指极限尺寸减基本尺寸所得的（　　）。

A. 偶数差
B. 奇数差
C. 代数差
D. 级数差

108. ( )相同,相互结合的孔和轴公差带之间的关系,称为配合。
　　A. 配合尺寸　　　　　　　　　　B. 基本尺寸
　　C. 极限尺寸　　　　　　　　　　D. 偏差尺寸

109. ( )有间隙配合、过盈配合、过渡配合三种。
　　A. 配合的制度　　　　　　　　　B. 配合的种类
　　C. 配合的基准　　　　　　　　　D. 配合的关系

110. ( )是基本偏差为一定的孔的公差带,与不同基本偏差的轴的公差带形成各种配合的一种制度。
　　A. 基准轴　　　　　　　　　　　B. 基准孔
　　C. 基轴制　　　　　　　　　　　D. 基孔制

111. 国家标准规定了公差带由标准公差和基本偏差两个要素组成。标准公差确定( ),基本偏差确定公差带位置。
　　A. 公差数值　　　　　　　　　　B. 公差等级
　　C. 公差带长短　　　　　　　　　D. 公差带大小

112. 零件图上尺寸公差的( )有三种:① 基本尺寸数字后边注写公差带代号;② 基本尺寸数字后边注写上、下偏差;③ 基本尺寸数字后边同时注写公差带代号和相应的上、下偏差,后者加括号。
　　A. 计算形式　　　　　　　　　　B. 标注形式
　　C. 表示方法　　　　　　　　　　D. 测量方式

113. 有两个轴的轴向变形系数相等的斜轴测投影称为( )。
　　A. 斜二测　　　　　　　　　　　B. 正二测
　　C. 正等测　　　　　　　　　　　D. 正三测

114. 在( )轴测图中,其中一个轴的轴向伸缩系数与另两个轴的轴向伸缩系数不同,取 0.5。
　　A. 正二等　　　　　　　　　　　B. 正等
　　C. 斜二等　　　　　　　　　　　D. 正三测

115. 在斜二等轴测图中,坐标面与轴测投影面平行,凡与坐标面平行的平面上的( ),轴测投影仍为圆。
　　A. 椭圆　　　　　　　　　　　　B. 直线
　　C. 圆　　　　　　　　　　　　　D. 曲线

116. 为作图方便,一般取 $p=r=1, q=0.5$ 作为正二测的( )简化轴向系数。
　　A. X 轴　　　　　　　　　　　　B. Y 轴
　　C. Z 轴　　　　　　　　　　　　D. 轴向

117. 在正二等轴测投影中,由于三个坐标面都与轴测投影面倾斜,凡是与坐标面平行的平面上的圆,其( )均变为椭圆。
　　A. 剖视图　　　　　　　　　　　B. 主视图
　　C. 三视图　　　　　　　　　　　D. 轴测投影

118. 物体上与某直角坐标轴平行的直线,其轴测投影与相应轴测轴（　　）。
  A. 倾斜   B. 垂直
  C. 相交   D. 平行

119. 互相垂直的（　　）直角坐标轴在轴测投影面的投影称为轴测轴。
  A. 两根   B. 三根
  C. 四根   D. 六根

120. 正等轴测图中的轴间角是（　　）。
  A. 相同的   B. 不相同的
  C. 有两个是相同的   D. 任意的

121. 在正等轴测图中,轴测轴的轴向变形系数（　　）。
  A. $p=q,r=1$ B. $q=r,p=1$
  C. $p=q=r$ D. $p>q>r$

122. 正等轴测图中,简化变形系数为（　　）。
  A. 0.82   B. 1
  C. 1.22   D. 1.5

123. 国家标准规定了常用的轴测图是（　　）。
  A. 正等测、正二测、正三测 B. 正等测、正二测、斜二测
  C. 正二测、正三测、斜二测 D. 正等测、正三测、斜二测

124. 在正等轴测图中,当圆平行于 XOZ 坐标面时,其椭圆的短轴与（　　）重合。
  A. O_1Z_1 B. O_1Y_1
  C. O_1X_1 D. X_1Z_1

125. 四心圆法画椭圆,四个圆心分别在（　　）。
  A. 共轭直径上   B. 菱形的切线上
  C. 长短轴上   D. 圆心上

126. 看懂轴测图,按绘制（　　）的方法和步骤绘制三视图。
  A. 轴测图   B. 透视图
  C. 效果图   D. 三视图

127. 看轴测图要看沿着轴方向的（　　）。
  A. 变形系数   B. 轴间角
  C. 标注   D. 尺寸数字

128. 为表示物体的内部形状,需要在轴测图上作（　　）。
  A. 虚线   B. 局部放大
  C. 剖切   D. 润饰

129. 轴测剖视图的1/4剖切,在三视图中是（　　）。
  A. 全剖   B. 局部剖
  C. 断面   D. 半剖

130. 绘制( )，一般采用简化变形系数来绘制。
    A. 左视图
    B. 透视图
    C. 三视图
    D. 轴测轴

131. 绘制( )的正等轴测图时，可采用基面法。
    A. 椭圆
    B. 圆
    C. 视图
    D. 棱柱或圆柱体

132. 基面法绘制( )正等轴测图时，可先绘制其两端面的椭圆，然后画椭圆的外公切线。
    A. 椭圆
    B. 圆
    C. 棱柱
    D. 圆柱体

133. 绘制( )的正等轴测图时，可选用叠加法。
    A. 切割体
    B. 组合体
    C. 圆柱体
    D. 棱柱体

134. 用叠加法绘制组合体的正等轴测图，先用形体分析法将组合体分解成若干个( )。
    A. 切割体
    B. 基本体
    C. 圆柱体
    D. 棱柱体

135. 切割体是某一或某些基本体被若干个( )切割而形成的。
    A. 立体
    B. 平面
    C. 柱面
    D. 形体

136. 画切割体的正等轴测图，可先画其基本体的正等轴测图，然后用( )逐一切割基本体。
    A. 剖切平面
    B. 断面
    C. 辅助平面
    D. 切割平面

137. 为表达物体内部形状，在( )上也可采用剖视图画法
    A. 物体
    B. 纵剖面
    C. 正平面
    D. 轴测图

138. 画轴测剖视图，不论物体是否对称，均假想用两个相互垂直的( )将物体剖开，然后画出其轴测剖视图。
    A. 平面
    B. 剖切平面
    C. 直线
    D. 圆柱体

139. 绘制轴测剖视图的方法有先画( )，再作剖视和先画断面形状，再画投影两种。
    A. 主视图
    B. 透视图
    C. 剖切面
    D. 外形

140. 画正等轴测剖视图，可先画物体( )的正等轴测图。
    A. 平面图
    B. 三视图
    C. 完整
    D. 局部

141. 画正等轴测剖视图，可先在( )上分别画出两个断面，再画断面后的可见部分。
    A. 投影面
    B. 轴测轴
    C. 直角坐标系
    D. 半剖视图

142. 画正六棱柱的正等轴测图,看不见的线(　　)。
　　A. 画成虚线　　　　　　　　　　B. 画成点划线
　　C. 不画　　　　　　　　　　　　D. 画成粗点划线

143. 画圆锥台的正等轴测图,两侧轮廓线与(　　)。
　　A. 两椭圆长轴相连　　　　　　　B. 两椭圆相切
　　C. 两椭圆短轴相连　　　　　　　D. 两椭圆共轭直径相连

144. 带圆角底板的正等轴测图,当圆心在短轴时是(　　)。
　　A. 小圆　　　　　　　　　　　　B. 大圆
　　C. 大、小圆各 1/2　　　　　　　D. 大、小圆各 1/4

145. 画组合体的正等轴测图,均需对组合体进行(　　)。
　　A. 形体分析　　　　　　　　　　B. 线面分析
　　C. 相交性质分析　　　　　　　　D. 叠加形式分析

146. 正等轴测剖视图中,剖面线轴测单位长度的连线方向是(　　)。
　　A. 等边三角形　　　　　　　　　B. 等腰三角形
　　C. 等腰直角三角形　　　　　　　D. 45°

147. 当剖切面通过肋板的纵向对称面时,这些结构可用(　　)表示。
　　A. 剖面线　　　　　　　　　　　B. 粗实线
　　C. 涂黑　　　　　　　　　　　　D. 细点加以润饰

148. 画开槽圆柱体的(　　)一般采用切割法。
　　A. 主视图　　　　　　　　　　　B. 正等轴测图
　　C. 圆　　　　　　　　　　　　　D. 斜视图

149. 画开槽圆柱体的正等轴测图,首先画出(　　)上下端面的椭圆及槽底平面的椭圆。
　　A. 槽　　　　　　　　　　　　　B. 三视图
　　C. 俯视图　　　　　　　　　　　D. 圆柱

150. 画(　　)的正等轴测图,一般采用叠加法。
　　A. 圆柱　　　　　　　　　　　　B. 圆
　　C. 支架　　　　　　　　　　　　D. 棱柱

151. 画支架的正等轴测图,一般采用叠加法,画出各基本体的(　　)。
　　A. 主视图　　　　　　　　　　　B. 三视图
　　C. 投影图　　　　　　　　　　　D. 正等轴测图

152. 投影图的坐标与(　　)的坐标之间的对应关系是能否正确绘制轴测图的关键。
　　A. 三视图　　　　　　　　　　　B. 主视图
　　C. 轴测图　　　　　　　　　　　D. 剖视图

153. 正等轴测图由于作图简便,三个方向的表现力相同,是最常用的一种绘制(　　)的方法。
　　A. 三视图　　　　　　　　　　　B. 平面图
　　C. 剖视图　　　　　　　　　　　D. 轴测图

154. 正等轴测图上的椭圆是用(　　　　)绘制的。
    A. 直尺　　　　　　　　　　　　　B. 二心法
    C. 四心法　　　　　　　　　　　　D. 一个圆心

155. 图纸管理系统可以对成套图纸按照指定的路径自动(　　　　)文件、提取数据、建立产品树。
    A. 建立　　　　　　　　　　　　　B. 搜索
    C. 复制　　　　　　　　　　　　　D. 删除

156. 产品树的作用是反映(　　　　)的装配关系。
    A. 产品　　　　　　　　　　　　　B. 标准件
    C. 常用件　　　　　　　　　　　　D. 零件

157. 产品树中的根结点应是产品的(　　　　)。
    A. 效果图　　　　　　　　　　　　B. 示意图
    C. 装配简图　　　　　　　　　　　D. 装配图

158. 产品树中的(　　　　)是指根结点或下级结点。
    A. 配件　　　　　　　　　　　　　B. 组件
    C. 标准件　　　　　　　　　　　　D. 专用件

159. 对成套图纸进行管理的条件是:图纸中必须有反映产品(　　　　)的装配图。
    A. 装配质量　　　　　　　　　　　B. 装配关系
    C. 装配精度　　　　　　　　　　　D. 装配要求

160. 图纸管理系统中,查询操作对(　　　　)中的信息进行查询。
    A. 装配图　　　　　　　　　　　　B. 产品树
    C. 产品说明书　　　　　　　　　　D. 产品明细表

二、判断题(第 161 题~第 200 题。将判断结果填入括号中。正确的填"√",错误的填"×"。每题 0.5 分,满分 20 分。)

161. (　　　　)职业道德是社会道德的重要组成部分,是精神文明建设和规范在职业活动中的具体化。

162. (　　　　)职业道德仅调节行业之间、行业内部之间人与人的关系。

163. (　　　　)社会上有多少种职业,就存在多少种职业道德。

164. (　　　　)注重信誉包括两层含义,其一是指生产质量,其二是指人品。

165. (　　　　)团结协作就是要顾全大局,要有团队精神。

166. (　　　　)图纸中字体的宽度一般为字体高度的 1/2 倍。

167. (　　　　)回转体轴线和物体对称中心线一般应用细点划线表示。

168. (　　　　)尺寸界线应由图形的轮廓线、轴线或对称中心线处引出,不能利用轮廓线、轴线或对称中心线作尺寸界线。

169. (　　　　)使用圆规画圆时,应尽可能使钢针和铅芯垂直于纸面。

170. (　　　　)圆规使用的铅芯硬度规格要比画直线的铅芯硬一级。

171. (　　　　)中心投影法是投射线相互平行的投影法。

172. (　　　　)硬盘是一种图形输出设备。

173.（　　）计算机绘图的方法分为屏幕绘图和绘图机绘图两种。

174.（　　）零件按标准化程度可分为轴套类、盘盖类、叉架类、箱壳类和薄板类。

175.（　　）完整的装配图只要有表达机器或部件的工作原理，各零件间的位置和装配关系的完整视图即可。

176.（　　）劳动合同是劳动者与用人单位确定劳动关系、明确双方权利和义务的协议。

177.（　　）工资一般包括计时工资、计件工资、奖金、津贴和补贴、延长工作时间的工资报酬及各种医疗费、保健费、工伤赔偿金等。

178.（　　）球体的表面可以看作是由一条直线绕其直径回转而成的。

179.（　　）两直径不等的圆柱正交时，相贯线一般是一条封闭的平面曲线。

180.（　　）目标（工具点）捕捉，就是用鼠标对坐标点进行搜索和锁定。

181.（　　）目标（工具点）捕捉可以捕捉到实体中的特征点。

182.（　　）用计算机绘图时，视窗缩放命令只能改变图形显示状态，而要改变实体的实际尺寸需用编辑缩放命令。

183.（　　）执行移动命令时，打开正交方式，可使实体上各点在移动时平行于坐标轴。

184.（　　）用计算机绘图时，栅格捕捉的作用是为了得到屏幕上两点间的距离。

185.（　　）螺柱连接多用于两连接件厚度不大和需要经常拆卸的场合。

186.（　　）画螺钉连接装配图时，在投影为圆的视图中，螺钉头部的一字槽、十字槽应画成与水平线成 45°的斜线。

187.（　　）箱壳类零件一般采用通过主要支承孔轴线的剖视图表达其内部结构形状，局部结构常用局部视图、局部剖视图、断面表达。

188.（　　）箱壳类零件长、宽、高三个方向的主要尺寸基准通常选用轴孔中心线、对称平面、结合面和较大的加工平面。

189.（　　）在斜轴测投影中，常用的是正二轴测图。

190.（　　）四心圆法画椭圆的方法可用于斜二轴测投影中。

191.（　　）正二等轴测图属于正投影的一种。

192.（　　）正二等轴测图中，有两个轴的轴间角为 131°25′。

193.（　　）正二轴测图的轴向变形系数均为 0.82。

194.（　　）在投影图中画出直角坐标系，再画物体正等轴测图。

195.（　　）已知圆柱的直径，就可画出圆柱的正等轴测图。

196.（　　）沿轴测量是绘制轴测图的要领。

197.（　　）产品树由主要结点和次要结点构成。

198.（　　）图纸管理系统中，自动生成产品树的第一步是建立产品目录集。

199.（　　）图纸管理系统中，统计操作对产品树中的图形信息进行操作。

200.（　　）图纸管理系统中，显示操作是以文本方式显示产品树的信息。

参考答案

一、单项选择

1. B	2. B	3. B	4. B	5. A	6. A	7. B	8. A	9. A	10. A
11. A	12. A	13. C	14. D	15. A	16. A	17. A	18. B	19. A	20. A
21. C	22. B	23. D	24. B	25. C	26. C	27. B	28. B	29. B	30. B
31. B	32. C	33. A	34. B	35. B	36. A	37. A	38. B	39. B	40. D
41. A	42. C	43. A	44. B	45. A	46. D	47. C	48. A	49. A	50. D
51. C	52. B	53. D	54. C	55. D	56. D	57. A	58. C	59. B	60. B
61. D	62. A	63. A	64. C	65. B	66. B	67. D	68. B	69. D	70. B
71. D	72. B	73. B	74. C	75. A	76. C	77. A	78. C	79. A	80. C
81. A	82. A	83. C	84. D	85. A	86. D	87. C	88. D	89. D	90. D
91. D	92. B	93. C	94. B	95. B	96. C	97. A	98. B	99. B	100. C
101. C	102. C	103. C	104. C	105. C	106. C	107. C	108. B	109. B	110. D
111. D	112. B	113. A	114. C	115. C	116. D	117. D	118. D	119. B	120. A
121. C	122. B	123. B	124. B	125. C	126. B	127. D	128. C	129. D	130. D
131. D	132. D	133. B	134. B	135. B	136. D	137. D	138. B	139. D	140. C
141. B	142. C	143. B	144. B	145. A	146. A	147. D	148. B	149. D	150. C
151. D	152. C	153. D	154. C	155. B	156. A	157. D	158. B	159. B	160. B

二、判断题

161. √	162. ×	163. √	164. ×	165. √	166. ×	167. √	168. ×	169. √	170. ×
171. ×	172. ×	173. ×	174. ×	175. ×	176. √	177. ×	178. ×	179. √	180. ×
181. √	182. √	183. √	184. ×	185. ×	186. √	187. √	188. √	189. √	190. ×
191. √	192. √	193. ×	194. ×	195. ×	196. √	197. √	198. ×	199. ×	200. √

附录3　机械 CAD/CAM 实验室管理办法

为了加强 CAD 实验室的管理,保证实验教学的顺利进行和计算机正常运行,特制定本办法:

一、CAD 实验室实行计算机管理员负责制。

二、计算机管理员负责计算机资源管理、计算机维护、实验室卫生、参与指导学生实验等工作。

三、实验室计算机和服务器资源实行统一管理,任何人不得随意修改或删除操作系统或公共应用程序中的文件,不得私设个人口令、密码。不得私自安装游戏软件。

四、教师备课在教师用机上进行,学生实验需要教师编制的程序和数据时,教师应在教师用机上编制调试成功后,由管理员统一安装到服务器上或学生用机上。

五、教学计划内安排的学生上机实验,各授课教师应在两周前提出实验计划,以便实验室统一安排。

六、为防止计算机病毒侵入和传播,学生存储或拷贝数据所使用的软盘、U 盘、光盘,应只在实验室专用,并服从实验室统一管理,来源不明的程序、数据及软盘、U 盘不得带入实验室使用。

七、实行计算机使用登记制度,每台计算机均配有登记簿,上机者应登记姓名、使用时间、机器运行状况,学生实验结束管理员应检查验收设备的完好性。

八、学生上机时发生故障应及时登记报修,对故意不按操作规程操作损坏计算机硬件或软件者,给予批评教育,造成损失的按价赔偿。

九、学生进入实验室应服从管理员的安排,不服从管理者,管理员有权停止其实验。并根据情节报有关部门给予处理。

附录4 制图员(机械)中级技能测试卷

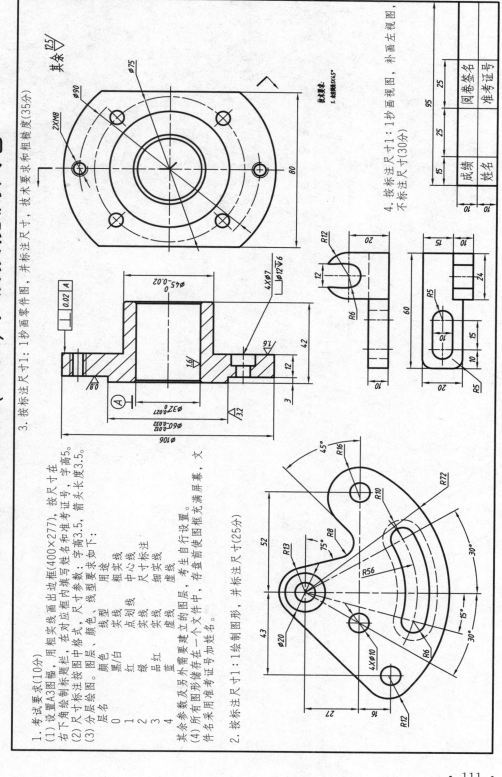

1. 考试要求(10分)
(1) 设置A3图幅，用粗实线画出边框(400×277)，按尺寸在右下角绘制标题栏，在对应框内填写姓名和准考证号。
(2) 尺寸标注按图中格式，尺寸参数型要求如下：字高3.5，箭头长度3.5。
(3) 分层绘图。图层，颜色，线型要求如下：

层名	颜色	线型	用途
0	黑白	实线	粗实线
1	红	点划线	中心线
2	绿	实线	尺寸标注
3	品红	实线	细实线
4	蓝	虚线	虚线

其余参数及另外需要建立的图层，考生自行设置。
(4) 所有图形另存储存在一个文件中，存盘前使图框充满屏幕，文件名采用准考证号加姓名。

2. 按标注尺寸1：1绘制图形，并标注尺寸(25分)

3. 按标注尺寸1：1抄画零件图，并标注尺寸，技术要求和粗糙度(35分)

4. 按标注尺寸1：1抄画视图，补画左视图，不标注尺寸(30分)

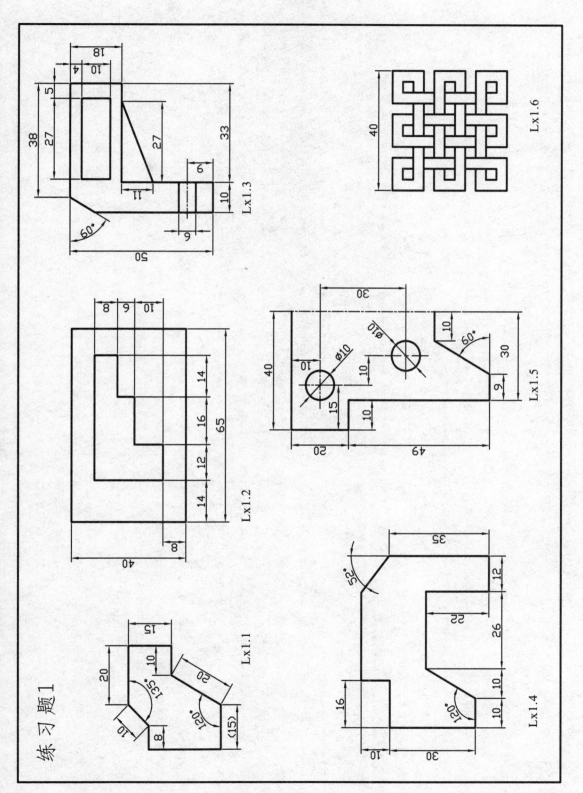

练习题1

Lx1.1

Lx1.2

Lx1.3

Lx1.4

Lx1.5

Lx1.6

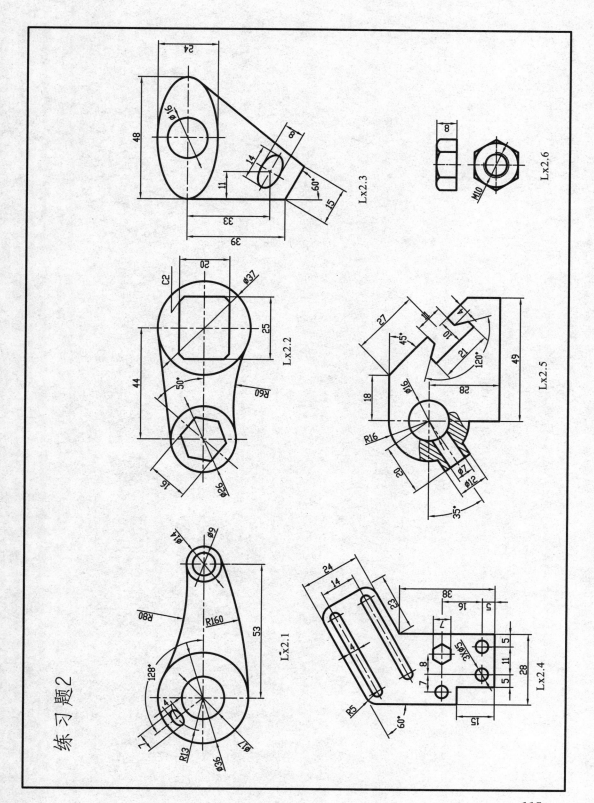

练习题2

Lx2.1

Lx2.2

Lx2.3

Lx2.4

Lx2.5

Lx2.6

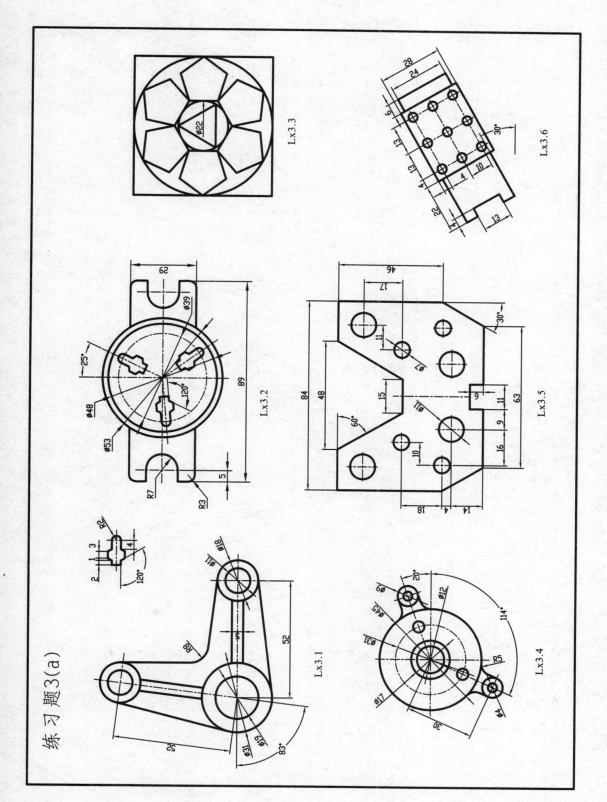

练习题3(a)

Lx3.3

Lx3.6

Lx3.2

Lx3.5

Lx3.1

Lx3.4

练习3(b)

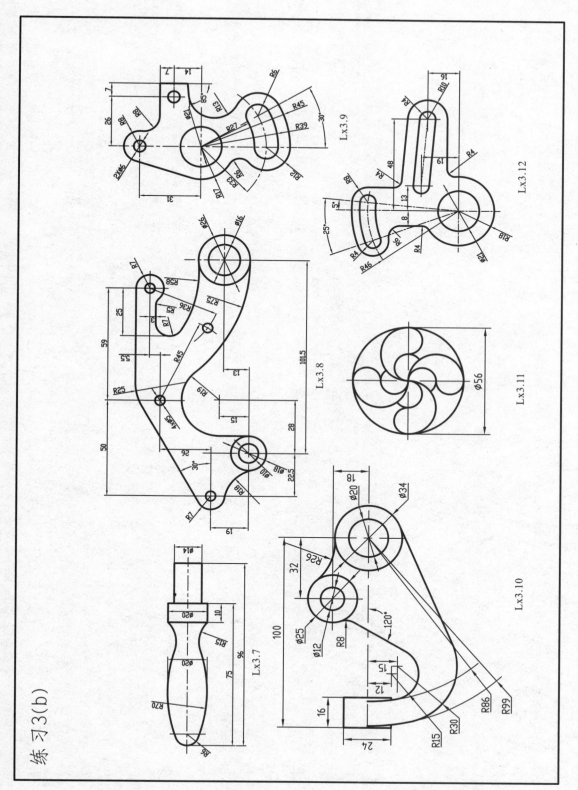

Lx3.9

Lx3.12

Lx3.8

Lx3.11

Lx3.7

Lx3.10

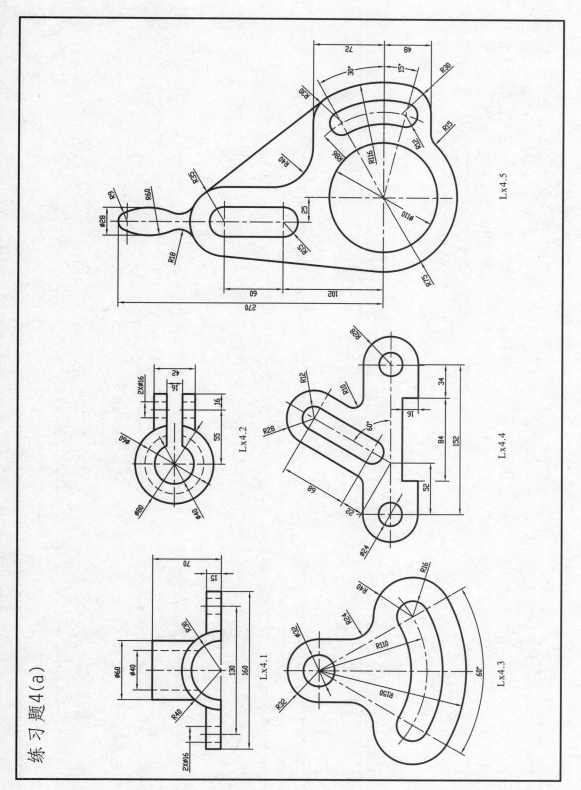

练习题4(a)

Lx4.5

Lx4.2

Lx4.4

Lx4.1

Lx4.3

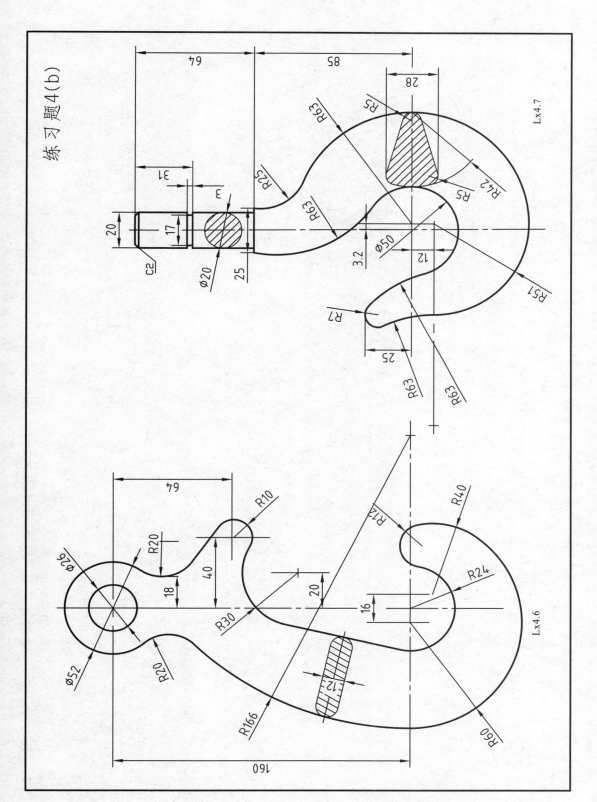

练习题4(b)

Lx4.7

Lx4.6

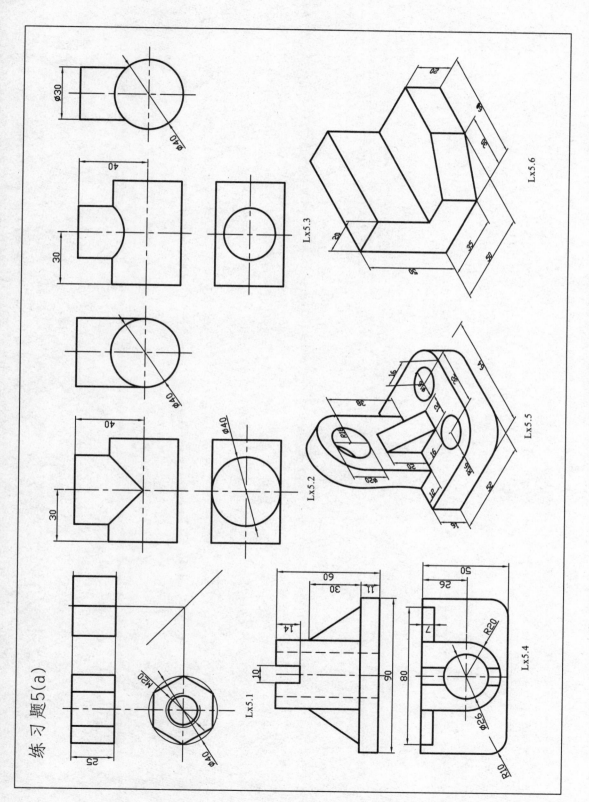

练习题5(a)

Lx5.1

Lx5.2

Lx5.3

Lx5.4

Lx5.5

Lx5.6

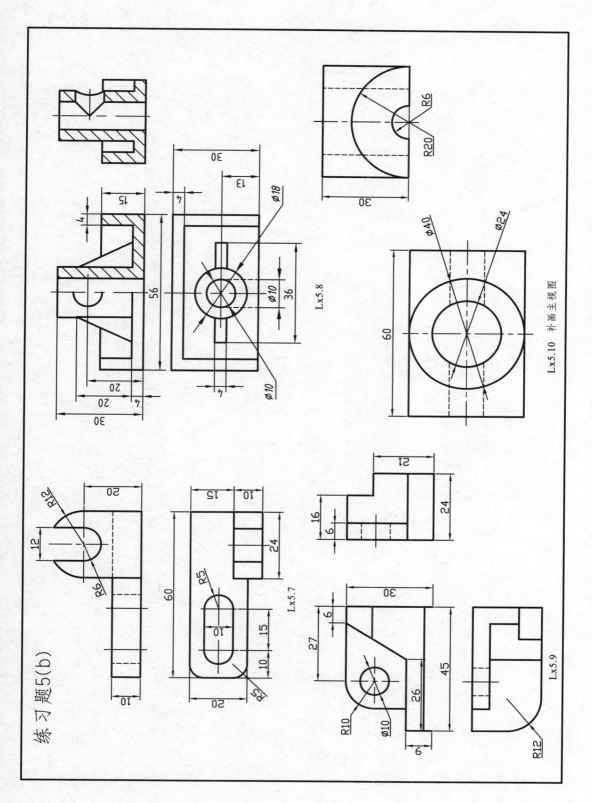

练习题5(b)

Lx5.8

Lx5.10 补画主视图

Lx5.7

Lx5.9

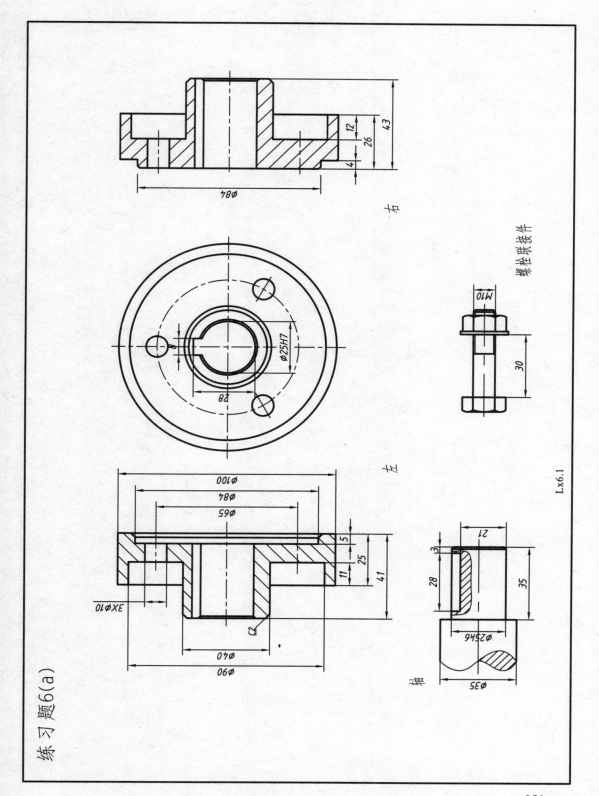

练习题6(a)

右

左

螺栓联接件

Lx6.1

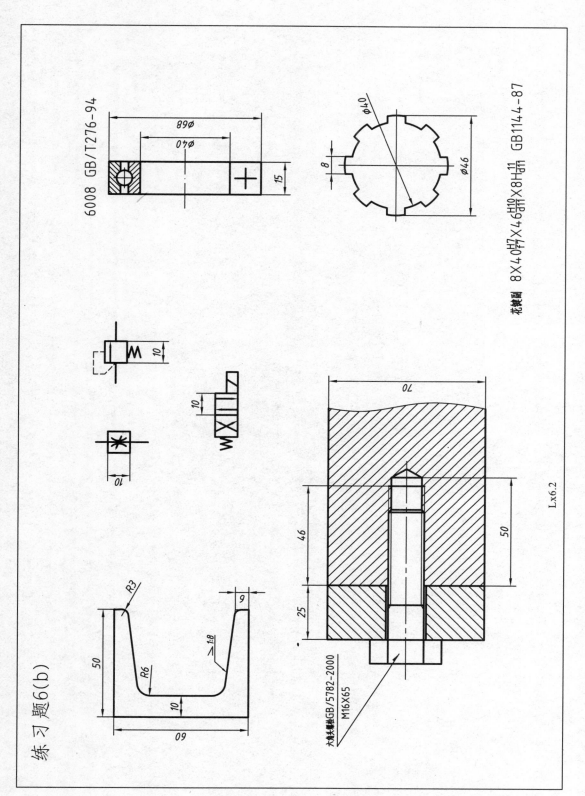

练习题6(b)

6008 GB/T276-94

花镶副 8×40 $\frac{H7}{f7}$ ×46 $\frac{H10}{a11}$ ×8H $\frac{11}{d11}$ GB1144-87

六角头螺栓GB/5782-2000
M16×65

Lx6.2

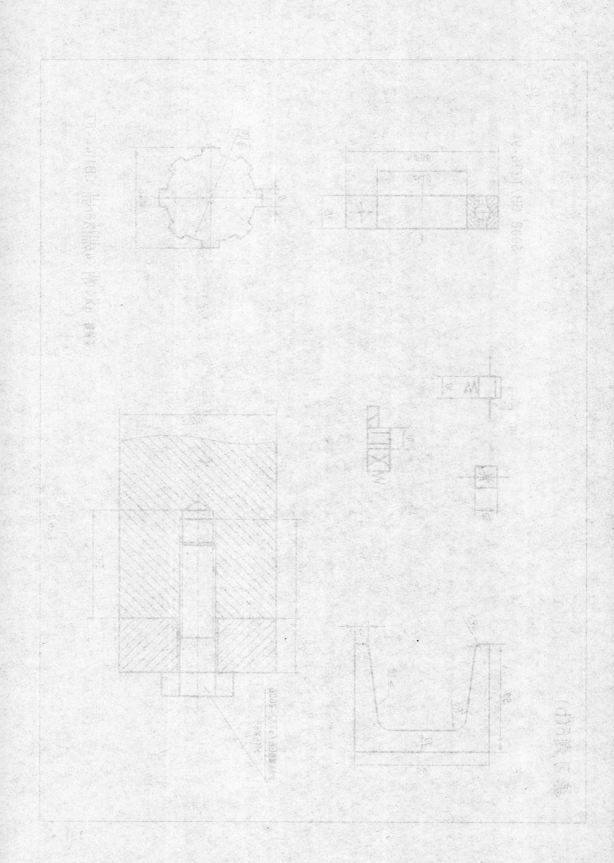

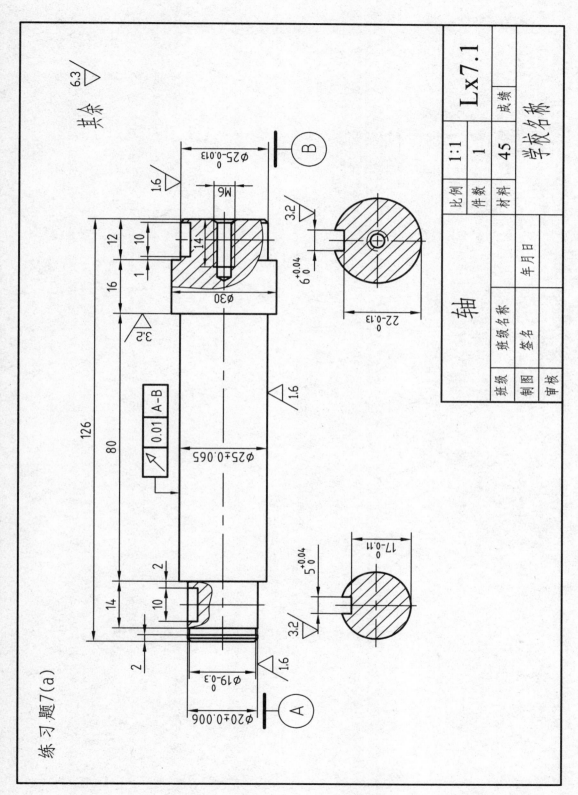

练习题7(a)

其余 $\sqrt{6.3}$

		Lx7.1	
比例	1:1		
件数	1		
材料	45	成绩	学校名称

轴		
班级名称		
班级	制图	审核
	签名	
	年月日	

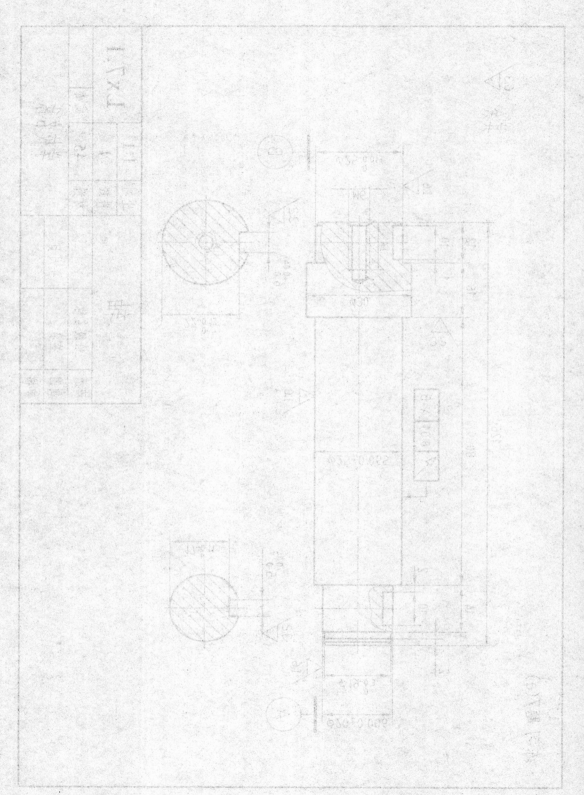

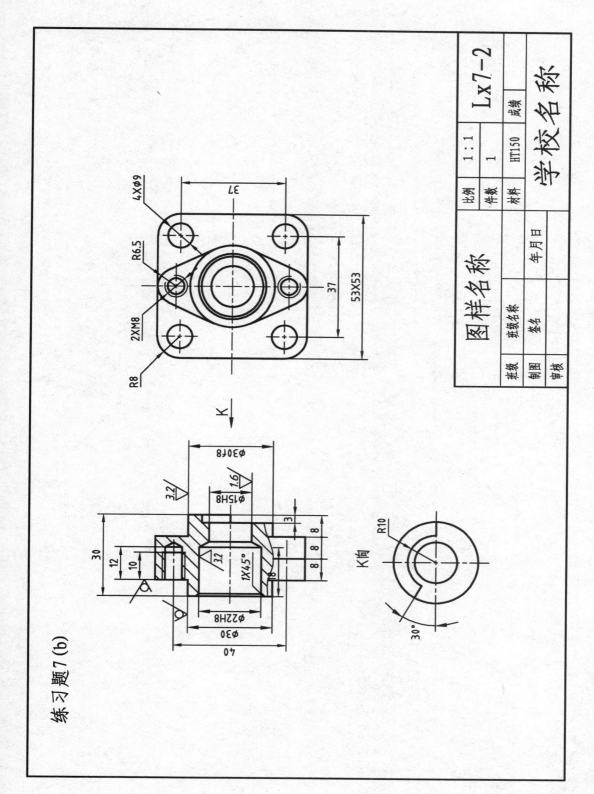

练习题 7 (b)

				Lx7-2	
图样名称		比例	1:1		学校名称
		件数	1		
		材料	HT150	成绩	
	班级名称				
班级		签名	年月日		
制图					
审核					

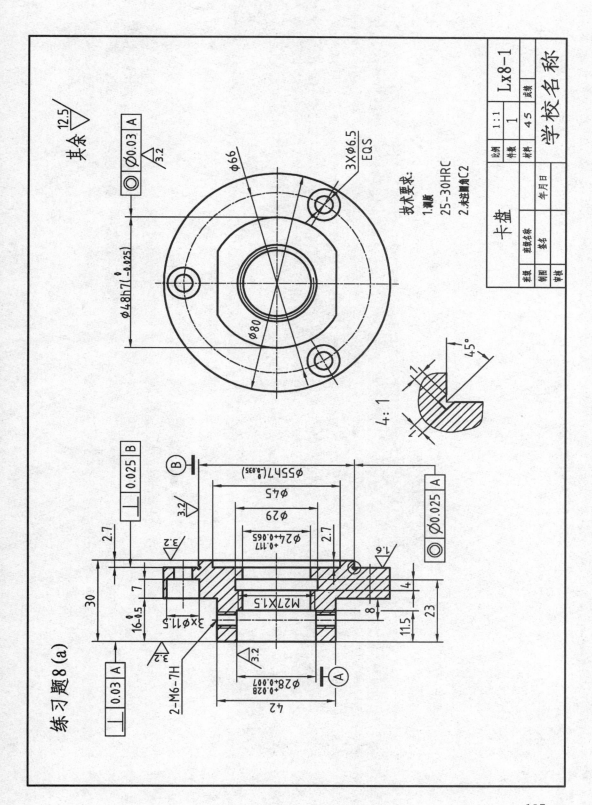

练习题 8 (a)

其余 12.5/

技术要求:
1.淬硬
25-30HRC
2.未注倒角C2

卡盘			比例	1:1	Lx8-1
			件数	1	
班级名称		年月日	材料	45	学校名称
班级	制图				
	审核				

3X φ6.5
EQS

φ66
φ48h7(⁰₋₀.₀₂₅)
φ80

⊙ φ0.03 A
3.2

4: 1
45°

⊥ 0.025 B
B
φ55h7(⁰₋₀.₀₃₅)
φ45
φ29
φ24₊₀.₀₆₅⁺⁰·¹¹⁷
3.2
1.6
⊙ φ0.025 A
A
M27X1.5

2.7
30
16₋₀.₅⁰
7
3X φ11.5
3.2
42
φ28₊₀.₀₀₇⁺⁰·⁰²⁸
A
3.2
2-M6-7H
⊥ 0.03 A
4
8
11.5
23
2.7

· 137 ·

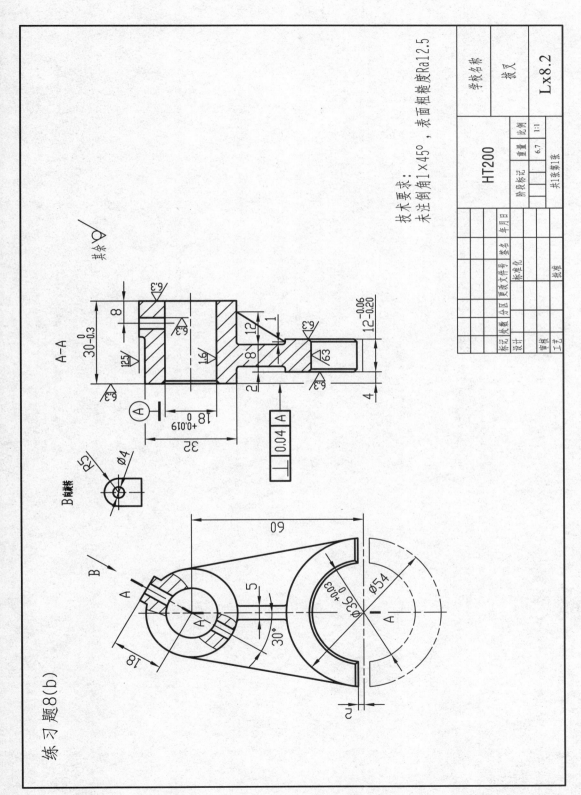

技术要求：
未注倒角1×45°，表面粗糙度Ra12.5

					学校名称		拨叉	
					HT200	重量	比例	Lx8.2
				年月日	阶段标记	6.7	1:1	
				签名		共1张第1张		
标记	处数	分区	更改文件号	签名				
设计			标准化					
审核								
工艺			批准					

练习题8(b)

A—A

其余 ▽

B向放大

139

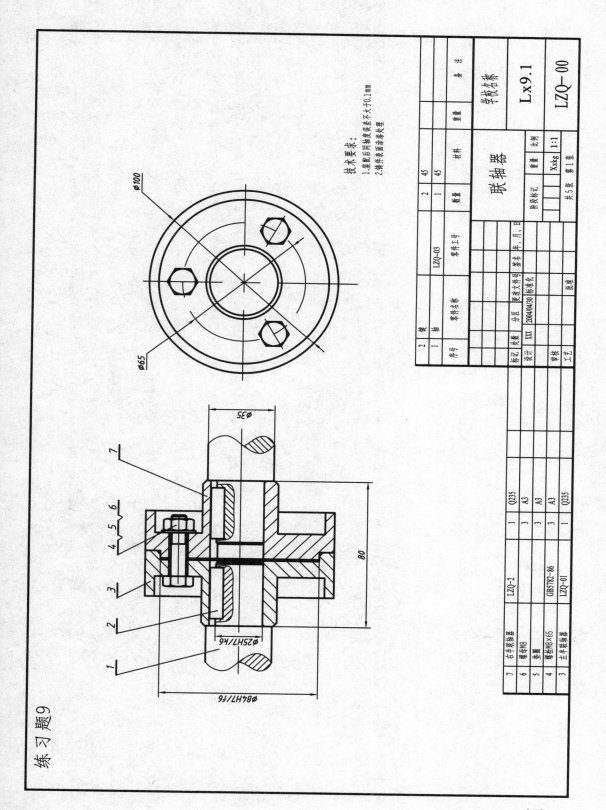

练习题9

技术要求：
1.装配后同轴线误差不大于0.1mm
2.铸件表面应涂漆处理

序号	零件名称	零件工号	数量	材料	重量	备注
2		LZQ-03	2	45		
1			1	45		

联轴器

学校名称

Lx9.1

LZQ-00

标记	处数	分区	更改文件号	签名	年、月、日		
设计	XXX		2004/04/30	标准化		重量 比例	
						X×kg 1:1	
审核							
工艺			批准			共 5 张 第 1 张

7	右半联轴器	LZQ-2	1	Q235		
6	螺母M8		3	A3		
5	垫圈		3	A3		
4	螺栓M8×65	GB5782-86	3	A3		
3	左半联轴器	LZQ-01	1	Q235		

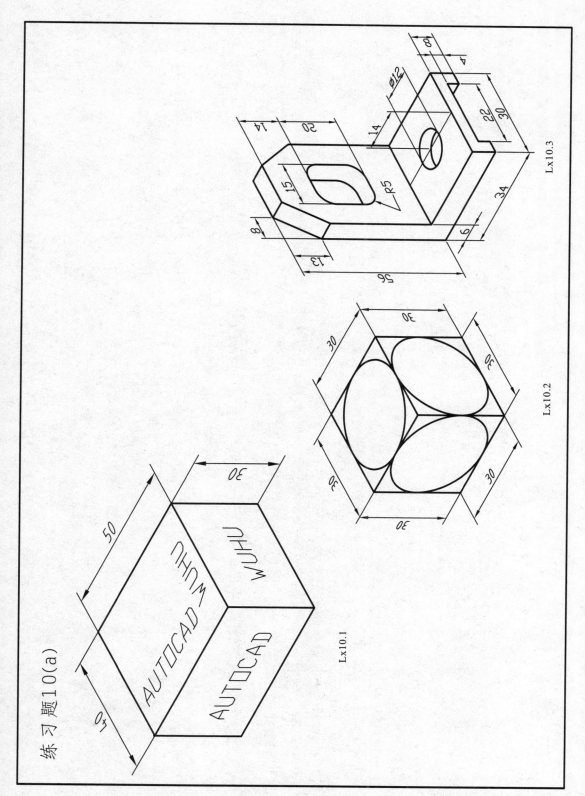

练习题10(a)

Lx10.1

Lx10.2

Lx10.3

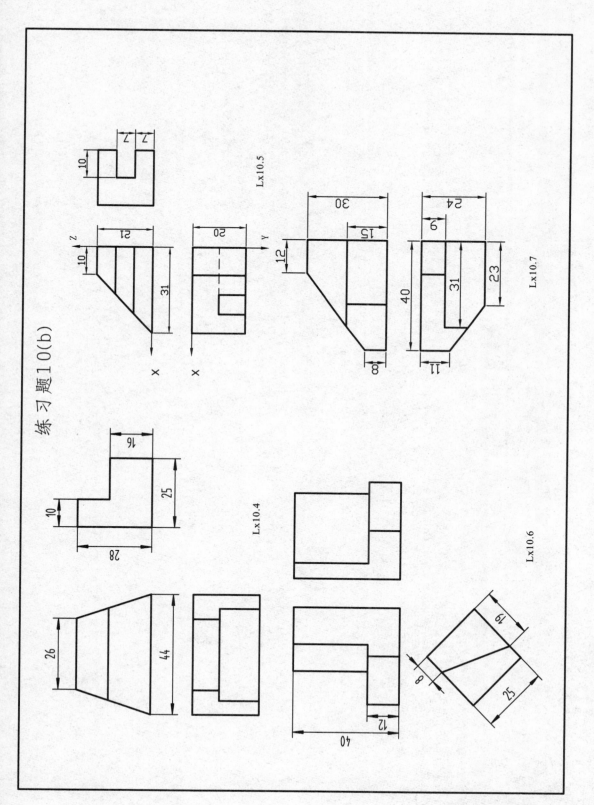

练习题10(b)

Lx10.4

Lx10.5

Lx10.6

Lx10.7

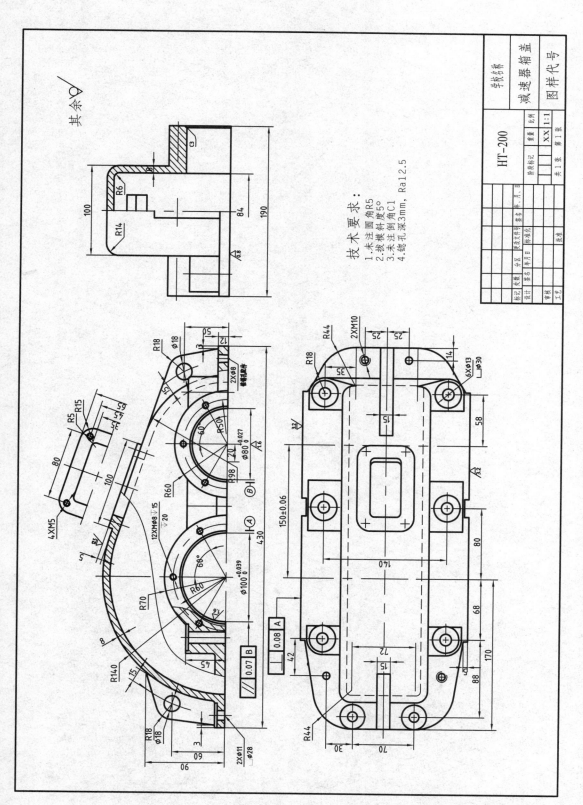

技术要求：
1.未注圆角R5
2.拔模斜度5°
3.未注倒角C1
4.铸孔深3mm, Ra12.5